地理科学专业土壤学课程系列教材

土壤学实验基础

张金波　黄　涛　黄新琦　蔡祖聪　主编

科学出版社

北京

内 容 简 介

本书共十章，分为基础篇和拓展篇两部分。基础篇共五章，主要介绍土壤样品采集与制备的方法和土壤学常见的理化性质分析方法。第一章简要介绍土壤样品采集与制备；第二章讲述土壤含水量测定；第三章讲述土壤孔隙度和质地分析；第四章介绍土壤电化学性质分析；第五章讲述土壤有机质和氮含量测定。拓展篇共五章，主要拓展介绍一些在农业、生态环境和全球变化等当前土壤学热点研究领域常用的土壤物理、化学和生物性质分析方法。第六章介绍土壤水势和水分特征曲线测定；第七章讲述土壤有机质组分测定；第八章介绍土壤磷和钾分析方法；第九章讲述土壤微生物性质测定；第十章简要讲述土壤温室气体交换通量测定。基础篇部分的主要目的是培养学生最基本的土壤学实验技能；拓展篇的内容供感兴趣的同学或者具备实验分析条件的院校选做，以提升学生的实验技能，为在生态环境、全球变化、土壤资源利用与保护等领域开展研究工作奠定基础。

本教材的使用对象主要为地理学专业本科生，也可用作环境科学、生态学等专业学生的教材与参考书。

图书在版编目（CIP）数据

土壤学实验基础/张金波等主编. —北京：科学出版社，2022.6
地理科学专业土壤学课程系列教材
ISBN 978-7-03-072544-8

Ⅰ.①土⋯　Ⅱ.①张⋯　Ⅲ.①土壤学–实验–高等学校–教材　Ⅳ.①S15-33

中国版本图书馆 CIP 数据核字（2022）第 099357 号

责任编辑：周　丹　沈　旭/责任校对：崔向琳
责任印制：赵　博/封面设计：许　瑞

科学出版社 出版
北京东黄城根北街 16 号
邮政编码：100717
http://www.sciencep.com
固安县铭成印刷有限公司印刷
科学出版社发行　各地新华书店经销
*
2022 年 6 月第　一　版　　开本：720×1000　1/16
2024 年 1 月第二次印刷　　印张：12
字数：234 000
定价：79.00 元
（如有印装质量问题，我社负责调换）

编 委 会

"地理科学专业土壤学课程系列教材" 前言

  土壤是地球表层系统的重要组成部分，在物质生产、生态环境和全球气候变化等方面发挥着不可替代的作用。人们最早认识土壤是从它的生产功能开始的，以土壤肥力为核心，观察、研究土壤的物理性质和化学性质，以及生源要素的生物地球化学循环，主要目的是为农业生产服务。20 世纪以来，随着全球社会经济的快速发展，人们对土壤的需求逐渐发生了变化，尤其是严峻的生态、环境问题引发人们进一步加深了对土壤功能的认识，主要体现在开始关注土壤与生物、大气、水、岩石各圈层之间的相互关系，探讨土壤在生态环境和全球变化中所起的作用。土壤学逐渐由传统农业土壤学向环境土壤学、健康土壤学发展，认知的内涵从土壤肥力拓展到土壤质量和土壤健康，既关注生产，也重视土壤的生态环境等服务功能。

  野外调查、采样分析和试验研究是认识土壤的重要途径。随着科学技术的进步，很多的研究方法和分析手段被应用于土壤学领域，质谱仪、光谱仪、色谱仪及各种分析仪器在土壤学研究中逐渐得到广泛的应用，使人们对土壤微观过程的观察和认知提高到分子水平甚至原子水平，为认识土壤世界开辟了许多新的途径，加速了土壤学的发展。

  结合国内高等教育，特别是非农学专业本科教育的需求和土壤学的发展，以及自身的研究领域和特色，我们组织编写了"地理科学专业土壤学课程系列教材"，包括 5 册，分别是《土壤学概论》《土壤学实验基础》《土壤地理学野外实习指南》《碳氮稳定同位素示踪原理与应用》《土壤碳氮稳定同位素样品前处理技术与质谱分析》。《土壤学概论》汇编了土壤学基础理论知识，阐述了土壤在农业、生态、环境、生物多样性、气候变化等多方面的功能，旨在让学生掌握土壤学的基础知识，了解土壤的主要功能。《土壤学实验基础》筛选了代表土壤物理性质、化学性质和生物性质的基础指标，介绍其分析方法原理和实验操作步骤，旨在让学生掌握土壤分析的基本技能。《土壤地理学野外实习指南》主要介绍土壤地理学野外实习的主要内容与方法，重点阐述土壤剖面调查方法，旨在让学生初步掌握土壤野外调研的能力。《碳氮稳定同位素示踪原理与应用》主要介绍稳定同位素的相关概念和重要术语，同位素示踪技术方法原理、类型和试验误差来源，并以碳氮为例，介绍稳定同位素示踪技术在土壤学研究中的应用，旨在让学生从原理到应用全面掌握稳定同位素技术，为从事土壤物质循环过程研究等相关工作奠定理论基础。《土壤碳氮稳定同位素样品前处理技术与质谱分析》系统介绍相关的新技术、新方法，为学生使用稳定同位素示踪技术开展土壤学研究工作提供技术方法支撑。

本系列教材具有四个方面的特色：①凝练土壤学基础知识，深入浅出，方便"零基础"的学生学习；②增加了土壤生态、环境、生物多样性、气候变化等领域功能和土壤化学分析及野外实习方法等内容，知识体系较完整；③系统介绍了稳定同位素示踪原理及其在土壤碳氮循环研究中的应用，扩展了新技术和新方法；④阐述了土壤资源的特点、土壤功能、土壤学著名学者的奋斗历程和贡献等，开展课程思政教学。通过阅读、学习本丛书，学生能全面掌握土壤学入门知识，奠定其土壤学基础，激发其对土壤学的热情，助益事业发展。

展望土壤学的未来，任重而道远。本系列教材的编写和出版工作是一次新的尝试，也是一项艰巨而复杂的工作，参加编制的所有人员满怀对土壤学教育事业的诚挚热爱，付出了很多的时间和精力。感谢南京师范大学地理科学学院汤国安教授在系列教材出版过程中给予的鼎力帮助。本系列教材得到了地理学国家一流建设学科的经费支持。

张金波　蔡祖聪

2021 年 12 月于南京

前　言

　　土壤学实验是土壤学教学的重要组成部分，是加深学生对土壤学基础知识理解和土壤学理论认知的重要途径，同时，也为开展土壤学相关研究工作提供必要的实践技能。本书遴选了常用的土壤物理性质、化学性质、生物性质的实验分析方法，并进一步细分成基础篇和拓展篇两个部分。基础篇主要涵盖土壤样品采集方法和最基础的土壤学实验分析方法，旨在让学生初步掌握土壤学实验的基本技能；拓展篇涵盖一些与生态环境、全球变化、土壤资源利用与保护等研究领域相关的土壤学性质分析方法，旨在进一步提升学生的实验技能，实现从基础动手能力向专业动手能力方向的发展，为独立开展相关研究工作奠定基础。

　　本书力求简洁易学，在专业性地讲述实验原理与步骤的同时，将每个实验方法的操作步骤组合成一张流程示意图，并给出关键实验现象的照片，便于学生快速、直观地熟悉实验过程和现象。此外，在实验结果部分，展示了一些不同类型土壤的测定结果，尤其是由中国生态系统研究网络(Chinese Ecosystem Research Network, CERN)土壤分中心提供的我国典型土壤的相关理化性质数据，有利于学生从地理空间的角度全面、深刻地理解实验数据背后所蕴含的意义。每个章节的"思考与讨论"部分，可启发学生思考，达到巩固学习效果的目的。

　　本书编写过程中，主要参考了鲍士旦主编的《土壤农化分析》(第三版)(2000年)、鲁如坤主编的《土壤农业化学分析方法》(2000 年)、黄昌勇主编的《土壤学》(2000 年)、林大仪主编的《土壤学实验指导》(2004 年)、吕贻忠和李保国主编的《土壤学实验》(2010 年)、林先贵主编的《土壤微生物研究原理与方法》(2010年)、徐建明主编的《土壤学》(第四版)(2019 年)和一些学术论文等文献资料，主要参考文献列于书末。

　　本教材编写大纲由张金波、黄涛共同讨论制定。全书内容共十章，前五章为基础篇，后五章为拓展篇。全书编写分工具体如下：第一章由南京师范大学黄涛、陆凌峰和王川编写；第二章由西北农林科技大学宋小林编写；第三章由中国农业大学卢奕丽和刘雨彤编写；第四章由南京农业大学郑聚锋、吴秀兰和李世贤编写；第五章第一节由中国科学院遗传与发育生物学研究所农业资源研究中心董心亮和张雪佳编写，第二至五节由中国科学院南京土壤研究所王如海编写；第六章由西北农林科技大学宋小林编写；第七章由中国科学院遗传与发育生物学研究所农业资源研究中心董心亮和张雪佳编写；第八章由中国科学院南京土壤研究所王如海和陆国兴编写；第九章第一节由南京师范大学赵军编写，第二节和第三节由南京师范大学韩成编写；第十章由中国科学院大气物理研究所王睿编写。全书采用的中国生态系统研究网络土壤长期监测数据由中国科学院南京土壤研究所土壤分中心郭志英提供。蔡祖聪、张金波、黄涛和黄新琦完成本书的最终统稿工作。

　　受时间和编者水平所限，书中难免存在一些疏漏，希望得到同行专家、学者和广大读者的批评指正。

张金波

2021 年 12 月于南京

目　录

下篇 拓展篇

上篇 基础篇

第一章　土壤样品采集与制备

　　土壤样品采集是土壤学研究工作中最重要、最关键的环节之一，不当的样品采集方法可能会导致完全错误的结论。本章介绍土壤样品采集方法、采样点选取原则，以及样品的制备方法和注意事项等内容。

第一节　土壤样品的采集

　　土壤是地球陆地表面能生长绿色植物的疏松表层，也是人类活动最为频繁的圈层。土壤圈与自然地理中的岩石圈、大气圈、水圈和生物圈紧密相连。准确地认识和掌握土壤主要的物理性质、化学性质和生物性质，不仅能加深对土壤形成过程和组成成分的认识，更能深刻地理解土壤圈物质循环及其与其他各圈层的相互作用关系。土壤样品采集是土壤学实验研究的关键环节。本节介绍土壤样品采集的相关方法和注意事项。

一、土壤样品采集的目的

　　当需要对某一区域或田块的土壤进行研究时，不可能对全部土壤进行分析。通常的做法是从该区域或田块选取合适的土壤采样点，采集具有代表性的土壤样品。所采集的土壤样品要能够最大限度地反映该区域或田块土壤的实际情况，也就是要具有代表性和科学性。不科学的土壤采样导致的误差要远远大于室内分析的误差，所以科学的土壤样品采集是土壤研究的关键。首先需要制定一个合理、科学的采样计划，这个计划必须包括(但不仅局限于)：采样目的、采样地点、采样时间、采样方法、采样步骤、室内处理步骤、保存方法等，以便于后续工作的开展和后人的查阅。

　　土壤样品采集的目的主要有以下 4 个。

1. 检测土壤肥力

　　这是最常见的目的。通常来讲，就是不定期地对某个区域或田块的土壤肥力性质进行系统地测定，主要包括土壤中常量和微量的养分、酸碱性(pH)、有机质及一些相关的土壤物理性质等指标，使用这些指标能够初步评价土壤肥力状况，并提出相应的应对措施。这类采样一般集中于耕层(根系密集区)，也有少部分的深层土壤(如为了了解某些重要元素的供需或迁移情况)。这类土壤剖面样品的采集通常是按人为设定的固定层次进行，如 0～10 cm、10～20 cm、20～40 cm、40～60 cm、60～80 cm、80～100 cm 等，一般不严格按照土壤的发生层次划分采样深度。

2. 土壤制图

这类研究必须严格按照土壤类型和土壤的发生层采集土壤剖面样品，分析的项目通常比较全面，包括化学性质、矿物性质、生物性质和物理性质。编制某个区域的土壤图，需要挖掘一系列的土壤剖面，从各发生层采集土壤样品，或用土钻获取某一层次的土壤样品，有时还需要采集原状土壤样品。这类研究的取样通常是一次性的。

3. 某种法律或法规的仲裁需要

该类土壤样品采集的目的是确定某一特定区域或地块的土壤是否受到某种物质的污染，以及污染的程度和范围、污染物质来源等。这类采样需事先明确采样地点和采样点密度。一般来讲，只采集表层土壤样品，并且只分析特定目标物质的含量和性质。如果涉及的目标物质在土壤中有较大的移动性，则需要采集深层土壤样品。

4. 安全性评价或其他

评价某一地区某种对人类健康或生态环境有潜在危险的物质的污染状况，需要对该地区进行土壤样品采集和分析。此外，还有为了明确未知地块现在和将来的使用前景，对其进行土壤样品采集和分析，如对绿色食品生产基地的审定。一般来讲，这类采样都需根据特定条件来制定采样计划，而且采样点通常比较多。

二、土壤样品采集应注意的原则

土壤样品采集是土壤分析工作中关键的一环，所采集的土壤样品应尽可能地反映其代表区域或田块的实际情况。应注意以下两个原则：

(1) 时空变异性原则。土壤既具有水平方向和垂直方向上的空间变异性，又具有季节和年际间的时间变异性。要基于研究目标，确定恰当的采样方法。在确定采样方法时，应事先了解目标区域或田块的变异可能，主要包括自然变异和人为变异。自然变异主要是由土壤成土过程造成的，如一个土壤剖面不同层次间的变异；人为变异主要是由土壤耕作、施肥等田间管理措施造成的，如集中施用肥料时所造成的某些施肥点或条带。在一些地区，平整土地造成底土裸露，土壤性质会在很短的水平距离内有巨大的变异，给采集"代表性"土样造成巨大困难。

(2) 样品代表性原则。一个土壤样品只能代表一种土壤条件，由两个差异极大的土壤样品混合而成的混合样品，其所得到的分析结果并不能简单地代表两种情况下土壤性质的"平均值"。在这种情况下，必须分开采样。

三、土壤样品采集的类型与方法

（一）土壤样品采集的类型

根据不同的研究目的，土壤样品的采集一般可以分为以下几种类型（图 1.1）。

图 1.1　土壤样品

1. 扰动型土壤样品采集

不要求保持土壤的原有结构，适用于大部分土壤测定项目。

2. 原状土壤样品采集

这类样品采样的方法和工具都要求能最大限度地保持土壤的原有结构，主要适用于对土壤物理（如土壤容重）、生物等性质及某些特定化学性质（如氧化还原性质）的测定。通常将采集的样品置于铝盒中，避免其受到挤压变形，并带回室内进行处理。

3. 土壤剖面样品采集

一般按土壤发生层次采集土壤剖面样品，也有按等距离分层的采样方法，如 0~20 cm、20~40 cm、40~60 cm 等。在挖好的土壤剖面上分层次自下而上依次采集每层土壤样品，以免上层样品对下层样品的混杂污染。土壤剖面样品可以是扰动型样品，也可以是原状土样。而对于每一种土壤类型，至少需要挖掘 3 个重复剖面，各重复剖面的同一层次样品不得混合，每个样品一般不应少于 0.5kg，采集的土壤样品分层装入事先做好标签（注明采样地点、采样层次、采样时间、采样人等信息)的土壤样品袋中，运回室内进行处理。由于土壤剖面挖掘工作量大，且破坏性较大，所以，除非必要，否则应尽量减少挖掘剖面采样，尤其是在长期的田间试验小区采样，通常采用土钻钻取土壤剖面样品。

(二)土壤样品采集的方法

1. 单点样品采集方法

每个样品只采一个点，包括扰动型土壤样品、原状土壤样品和土壤剖面样品。

2. 混合样品采集方法

每个样品由多个相邻近采样点的样品混合而成，只适用于采集扰动型土壤样品，大部分测定项目都是采用此类样品。混合样品的采集方法、采样点的数目和分布，应根据目标区域或田块的形状、大小、土壤肥力状况、研究目的不同而有所不同。通常按照"随机、等量、多点混合"的原则进行耕作层土壤(0~15 cm或0~20 cm)或一定深度(随栽培植物的根系深度而定)土壤的多点取样。

(1)混合样品采集需要注意以下几点：①每个采样点取土的体积和上下厚度应该一致，并事先估计采样总量，以估算每个采样点的采土量。②每个采样区内的采样点不能太少。③尤其要注意，土壤混合后不能对样品的代表性有任何影响。

(2)混合采样法采样点数量的确定。混合采样法可以大大减少分析量和分析成本，并较准确地获得采样区所研究的土壤性质的平均值。一般来讲，有足够多的采样点数量才能使混合样品的误差降到最低。一个采样区要设置多少采样点才能满足精度的要求呢？这取决于所研究的土壤性质的变异程度和要达到的精度，通常用以下公式计算混合采样法需要的采样点数量。如果同一样品要测定多项指标，则整体上需要的采样点数量取决于需要最大采样点数的指标。

$$n = \frac{t^2 \times S^2}{D^2}$$

式中，n 为需要的采样点数；t 为在设定的自由度和概率条件下的 t 值(查 t 表获得)；S^2 为方差，$S^2 = (R/4)^2$ (R 为全距，即研究区内所研究的土壤性质的最大值与最小值之间的差距)；D 为研究者希望所研究的土壤性质围绕平均值的变异范围。

例如，若想研究某一田块的有效磷水平，而预先已经知道该地块土壤有效磷的变化范围为 1~14 mg/kg (R=14–1=13)，所希望的平均结果的变异在 1.5 mg/kg 范围内 (D=1.5)，初选自由度设定为 10、P=0.05 时，查表得 t=2.23，则采样点数为

$$n = \frac{(2.23)^2 \times \left(\dfrac{13}{4}\right)^2}{(1.5)^2} \approx 23$$

即在满足上述条件下，需要在该田块内采集 23 个采样点混合成 1 个混合样品。

因为 23 比初选自由度 10 大得多，重新设定自由度为 23、P=0.05，查表得 t=2.069，则采样点数为

$$n = \frac{(2.069)^2 \times \left(\dfrac{13}{4}\right)^2}{(1.5)^2} \approx 20$$

如果目标田块有效磷的变化范围只有 1～6mg/kg（R=5），则采样点数为

$$n = \frac{(2.069)^2 \times \left(\dfrac{5}{4}\right)^2}{(1.5)^2} \approx 3$$

这时，只需要在该田块内采集 3 个采样点混合成 1 个混合样品即可。

由此可见，土壤的均一程度（即 R 值）是决定采样点数量最主要的因素。通常情况下，R 值可以根据研究区域内已有的研究资料进行估算，如文献数据或土壤普查数据。在没有历史资料的地区，如果要测定多项指标，可以先按照经验选取一个空间变异可能较大且容易测定的指标（如有效磷），根据研究区面积的大小，按以往的经验布点（通常为 20～30 个采样点），先采集单点样品分析选定的指标（获得 R 值），再评价采样点数量是否合适，如果不能满足需要，再重新补采样品，最后获得混合样品。

采样点数量也可以用变异系数和相对偏差来粗略估算：

$$n = \frac{t^2 \times CV^2}{m^2}$$

式中，n 为需要的采样点数；t 为在设定的自由度和概率条件下的 t 值（查 t 表获得）；CV 为变异系数[标准差与平均值之比（%），一般可根据已有研究资料进行估算，没有历史资料的地区，元素全量的 CV 可用 10%～30%来粗略估计，有效态元素含量等变异大的指标可取 50%]；m 为可接受的相对偏差[即绝对偏差与平均值之比（%），绝对偏差是指测定值与平均值之差，土壤监测一般限定为 20%～30%]。

仍以有效磷为例，设定自由度为 23、P=0.05，查表得 t=2.069，CV 取 50%，m 取 20%，则采样点数为

$$n = \frac{(2.069)^2 \times (50\%)^2}{(20\%)^2} \approx 27$$

即在该田块内采集 27 个采样点混合成 1 个混合样品可满足要求。

四、土壤采样点选取原则

土壤采样点选取主要有以下几种方法(图1.2)。

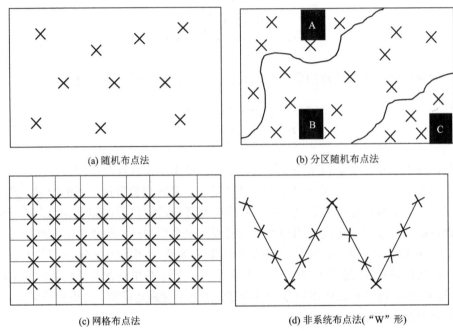

(a) 随机布点法　　　　　　　　(b) 分区随机布点法

(c) 网格布点法　　　　　　(d) 非系统布点法("W"形)

图1.2　土壤采样点选取方法

1. 随机布点法

如果研究的目标元素或性质的分布是随机的,或者采样区的分布是均匀的,或者地形地貌是一致的,则可以采用随机布点的方法采样。如果研究区域较大,可以通过随机数表查询来确定采样地点,但是较为烦琐。所以,如果采样区不大,可用"之"字形采样。如果研究目的是得到样品性状的平均值和置信限等,则要用单点样品采集方法;如果只想了解其平均水平,可以用混合样品采集方法。但随机布点法不能获得该性质数据的空间分布。这种方法可以用于土壤肥力研究,但很少用于土壤调查工作。

在较大区域内,采用随机数表法确定采样点,可以完全排除主观挑选采样点的可能性,使采样调查有较强的科学性。该方法的简要流程如下:

(1)对采样区进行划分和统一编号。根据研究区的面积、地形、地貌、植被等情况和拟采样点数量,将其划分成网格单元并进行统一编号。如果采样点数量在10以内,则编号是1~9;如果在1~99,则编号是01~99;如果在1~999,则编号是001~999;其他以此类推。

（2）确定行名。研究人员根据自己的需要或意愿，在表上任选一行数字，由该行数字决定起点行。以两位数为例，如选择 25 行，即从上往下第 25 行为起点行。

（3）确定列名。列名的确定方法与行名的确定方法相同。

（4）录取号码。行名和列名决定后，以选择的起始行数和起始列数的交叉点处的数字为起始点，然后按一定顺序方向(如自左向右或自右向左，从上往下或从下往上)依次录取号码，遇到重复的号码，应该舍去，直至抽取的采样点数满额为止。现在用计算机，如在 C 语言中的 rand 函数，可以产生随机数，进行样点抽取。

2. 分区随机布点法

在土壤性状有显著变异或地形地貌不同时，应按土壤类型、土壤颜色、地势等分为几个亚区进行随机布点。这种方法可以获得亚区内的均值、变异状况和特点，但要事先确定区分亚区的界限。

3. 网格布点法

网格布点法即把所研究的区域分成大小相等的方格，一般间距为 15～30 m，线的每个交点即为采样点。每个采样点的土壤样品由 1 m 范围内的 8～10 个样品构成混合样。这种布点法不仅可以得到这一地区土壤性状的平均值，还可以了解其变异的规律和界限。

4. 非系统布点法

这种方法广泛应用于土壤肥力研究，包括试验小区采样。它一般按"X、W、N、S"形的线段布置采样点。该方法的应用前提是采样区土壤性状大体是均匀的。在土壤性质、作物类型、生长状况、过去利用方式或管理方法上差异较大时，可以分区后再应用这种方法采样。但这种方法不适用于点源污染研究，因为容易漏掉高变异点。该方法应注意以下几点：

（1）所研究的目标元素在采样区内大体是均匀分布的，否则应先划分亚区后再布点。

（2）避免在较大布点区内采用单一对角线形式布点。

（3）沿对角线所布的采样点应视等距，即短线点少，长线点多。

（4）不同采样点的间距不应人为改变。

五、土壤采样的时间和工具

1. 采样时间

土壤，尤其是农田土壤，其养分水平会随季节变化。以我国为例，一般来讲，在作物收获后的秋季，农田土壤养分水平较低，由于休闲季有效养分的积累，在次年春季种植前土壤养分水平可能较高。因此，通常在秋季作物收获后采集土壤样品进行土壤肥力评估，而在春季种植前采样可能更能反映土壤养分的需求量，所以采样时间应根据研究目的而定。在一年一熟的农田上定期采样，一般将采样期放在前茬作物收获后和后茬作物种植前为宜；一年多熟的地区则放在一年作物收获后。如果只采集一次，则应根据需要和目的确定采样时间。对于长期定位试验，为了便于比较，每年的采样时间应予以固定。

2. 采样频率

需要长期采样的区域或田块，采样频率取决于研究目的。如果是以监控土壤性状演变为目的的研究，在试验初期（2～4 年）采样频率要密一些，以后间隔时间可长一些。采样频率还取决于分析项目，如土壤全量养分（如全氮、有机质、全磷、全钾等）一般 3～5 年分析一次即可，有效养分（如有效磷、钾、氮等）在试验初期可以一年一次，以后可以 2～3 年一次。此外，质地较轻的土壤采样频率要适当加密；研究一些在土壤中移动性较大的养分（如 NO_3^- 或 SO_4^{2-}）时，采样频率也应该适当加密。

3. 采样工具

常用的土壤样品采样工具有以下三种（图 1.3）：

(a)小土铲   (b)普通土钻   (c)可延长的管形土钻

图 1.3 土壤采样工具

(1)小土铲。在挖开的土壤剖面上，根据设定的采样深度，用土铲铲取一层上下一致的薄片。这种土铲在任何情况下都可使用，但比较费时费力，在大范围的多点混合采样时，一般不推荐使用。

(2)普通土钻。使用起来比较方便，一般适用于湿润的土壤，不太适用于很干或者砂质的土壤。它的缺点是容易使土壤样品混杂。

（3）管形土钻。底部为一圆柱形开口的钢管，上部为柄架，根据需求可使用不同管径的钻头，还可以加长柄架。使用时，将土钻钻入一定深度的土壤中，再取出土钻中的土壤即可。该土钻取土速度快，不容易混杂，尤其适合大面积的多点混合采样。但也不太适合砂质的或者干硬的黏性土壤。

六、其他注意事项

1. 采样类型和方法

土壤样品采集前，要根据研究目的和分析指标确定要采集的样品类型，即是扰动型土壤样品，还是原状土壤样品，以及是否挖掘土壤剖面。此外，还需要确定是采集单点样品，还是混合样品。单点样品主要是为了了解所研究的土壤性质在一定区域内的分布情况，可以得到样品性状的平均值和置信限等；而混合样品主要为了了解在一定区域内的平均值，其优势是可以减少分析量和分析成本。

2. 采样深度

（1）普通小农户农田土壤采样深度一般在 $15\sim20$ cm，这主要是由于我国农村耕作多使用人力或小型机械，所以耕层在 15 cm 左右，采样深度也宜在 15 cm 左右，一般不超过 20 cm。

（2）标准化农场采样可以在 20 cm 左右，因为农场中多采用大型机械进行耕作，但一般也不会超过 30 cm。

（3）在研究移动性较大的养分（如 NO_3^-）时，采样深度多在 1 m 左右，甚至更深。

（4）草原土壤采样深度一般在表层 $5\sim15$ cm。

（5）如果研究降水等大气沉降对土壤的影响，采样深度一般在 $0\sim5$ cm。

（6）一般情况下，采样深度不能跨越土壤发生层次。

3. 采样量

对于有保存价值的土壤样品可以适当多采集一些，如果仅仅做一次分析使用则可少一些。一般来讲，以化学分析为目的的土壤样品，总量不应少于 500 g，这包括单点样和混合样。如果样品是作为"标准样"，则至少要有 2000 g。物理分析和生物分析所需的土壤质量应根据分析项目本身的需求来定，没有统一的数量标准。需要注意，在测定土壤物理性状或土壤中挥发性物质时不能用混合样。此外，如果土壤样品中存在大粒的砂粒、矿物、卵石等应该剔除的部分，在分析报告中要予以说明，并估算这些砾石的比例。

4. 样品的记录

一个土壤样品取回后，必须要有详细的记录，至少包括以下几个部分。

(1)采样地点：具体到省(区、市)、县、村及地物特征、经纬度坐标(精度 1 m)，同时要有编号。

(2)采样地基本情况：土地利用情况、植物的具体种类、地形、坡度等。

(3)采样时间：年、月、日。

(4)采样方法：包括采样点的配置方法、采样点间距、混合采样点数量、采样深度等。

(5)其他与采样和今后研究有关的情况：如采样人员姓名等。

5. 一些特殊条件下的土壤采样

1)水稻土的采样

根据不同的测定项目，选取不同的采样方法。如果做土壤矿物元素和养分的全量分析，如有机质、可溶盐、全氮等项目，它们基本不受土壤水分状况的影响，均可在水田落干时进行采样。而如氧化还原电位等项目，易在采样过程中发生改变，则需要在有水层的条件下在田间直接进行测定。

2)盐碱土的采样

该类型土壤的取样均采用挖坑取样或土钻取样。一般在空白盐碱地上取样时，可以挖坑取样；如果有植物生长，则采用土钻取土法。而且一般为了研究其动态变化，都会采用定点观测。一般生产用地的取样深度在 0～50 cm，科研用地为 0～100 cm 或深至地下水位。对取样层次的确定是上细下粗，每层具体厚度不一，大致可以按照 0～5 cm、5～10 cm、10～20 cm、20～40 cm、40～70 cm、70～100 cm。

3)果、茶、桑园的土壤采样

对此类土壤取样目前国际上还没有统一的方法。一般遵循以下原则：

(1)取多点混合样。考虑距离植物根系的远近、施肥点的距离、土壤的层次及其他自然因素或人为因素造成的误差，取多点"同质"的混合样品。

(2)按不同研究目的确定土壤取样的位置。要全面了解果园土壤的养分状况，取一个混合样是远远不够的。例如，如果采用条施或穴施的施肥方法，那么应该在不同的施肥区域，分别采集土壤进行混合；要研究肥料在土壤中的变化，应在施肥位置附近分别取样；要研究根系对养分的吸收，则应在根际的不同位置取样。取样时间一般在开花前 1～2 个月或秋季采收后进行。采样深度视根系分布的深度而定。

4)免耕或少耕条件下的土壤采样

在免耕或少耕情况下，一些养分容易聚集在表层(0～7 cm 左右，因耕作情况而异)，而下层含量剧烈下降。在这种情况下，采样深度要浅，一般在 5～10 cm。

由于在免(少)耕条件下,作物根系分布也浅,作物营养主要来自表层土壤,所以浅层采样获得的土壤养分水平通常与作物营养状况相符。此外,为了更全面地了解免耕或少耕的土壤养分分布状况,建议除在浅层采样外,再采一层较深的土壤样品,如同时采集 0~5 cm 和 5~15 cm 的土壤样品。

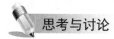

思考与讨论

设计一份用于农田土壤肥力状况调查的土壤样品采集方案。

第二节　土壤样品的制备与储存

从田间采集的土壤样品(扰动型样品),要经过干燥、混匀、过筛、装瓶等制备过程,才能用于实验分析,其间还需要对样品进行储存。土壤样品储存是指在土壤样品收集直至进一步处理的指定时间间隔和预定条件下,保持土壤样品可用性的过程。本节介绍土壤样品的制备与储存方法及其注意事项。

一、土壤样品制备的目的

从野外采集的样品,经登记编号后,原状土壤样品可以直接用来测定土壤容重、土壤孔隙、土壤饱和含水率等。而其他样品需要经过风干、研磨、过筛、混合等一系列的制备处理,才能用于后续分析(图 1.4)。制备的主要目的包括以下几个方面。

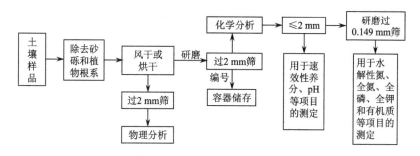

图 1.4　土壤样品制备流程示意图

(1)使土壤样品能够长期保存,不至于因微生物活动而发生霉变。

(2)去除非土壤部分,如一些肉眼可见的碎石、瓦片及植物残体等,以及一些新生体(如铁锰结核和石灰结核),使分析结果能够代表土壤本身的组成。

(3)适当磨细、充分混匀,使分析时所称取的少量样品具有较高的代表性,以减小误差。不同的分析项目对磨细程度的要求不同,需按要求制备样品。

二、土壤样品的干燥

从田间采集的新鲜土壤样品含水量一般处于风干到水分饱和的状态之间，通常需要进行干燥处理。干燥可分为两种处理方法：①风干（通常在气温 25～35℃，空气相对湿度在 20%～60% 较为适宜）；②烘干（通常用恒温干燥箱，在 35～60℃ 条件下烘干）。一般采用风干处理方法，该方法简单、方便，且对土壤性状的影响较小，具体操作为：在阴凉、干燥、通风，且无特殊气体（如氯气、氨气、二氧化硫等）、无灰尘污染的室内，将土壤样品置于干净的纸张上（如牛皮纸），铺成薄薄的一层。盛放样品的纸张和器皿需要编号，此外，还需要放置一个带编号的塑料标签（一般用铅笔写）于土中。在样品半干燥半湿润的状态时，需要将大的土块捏碎（尤其是黏性土壤），以免完全风干后结成硬块，难以进行研磨。风干时，各个土样应尽量处于同样的条件下。干燥期间注意防尘，避免直接曝晒。

干燥会对某些土壤性质产生影响。例如，干燥过程对土壤全氮基本没有影响，但可促进水溶态有机氮的矿化而使无机态氮增加。土壤烘干可能造成土壤有机质氧化而损失，但风干时基本无影响。

如果取回的土壤样品太多，则需要将风干的土壤充分混匀，用"四分法"去掉一部分土壤样品（图 1.5），最后留取 0.5～1.0 kg 待用。

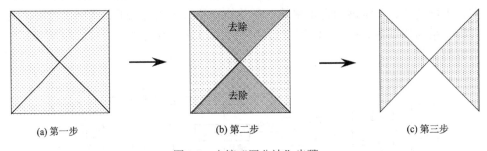

(a) 第一步   (b) 第二步   (c) 第三步

图 1.5 土壤"四分法"步骤

三、土壤样品的研磨和过筛

野外采回的土壤通常称为原样土，经风干后需进一步研磨处理制备成待测土样。将土样放在木板或胶板上，研磨前需要把石砾、侵入体及粗有机物剔除，并把石砾部分称重。然后用木质或橡胶工具轻轻碾碎（有条件的可用机械粉碎，注意不要过细），通过 2 mm 筛孔（10 目），留在筛子上的土块需重新碾碎，如此反复多次，直至全部通过为止。研磨过筛过程中不得丢弃和遗漏土壤样品。将过筛土壤样品充分混匀，储存，备用。

不同分析项目要求使用通过不同筛孔的土样，一般物理性质(如土壤颗粒分析)和一些速效养分、pH 等多用通过 2 mm 筛孔的土样，而全量分析多用通过 0.149 mm 筛孔(100 目)土样；可分取已通过 2 mm 筛孔的土样进一步研磨，需要注意必须用"四分法"或多点取样法分取；进行微量元素分析的样品不能使用铜筛或铁筛，应使用塑料或尼龙筛，以免污染土样。

四、土壤样品的储存

1. 需要储存的土壤样品

在以下这些情况下，土壤样品需要储存：

(1)从田间采样到分析之前这段时间，需要相应的储存。

(2)分析完毕，土壤样品需要保存 3 个月左右，以防止数据有误，需要重新分析验证。

(3)实验室标准样品则需要储存数年甚至更久。

(4)一些长期定位观测试验土壤样品需要长期保存。

(5)一些重要的试验土壤(如经过耗竭试验或者某些盆栽试验的土壤等)需要保存较长的时间。这些土壤常常在新的课题研究中有很大用处，而不需要再花时间准备试验样本。

2. 土壤储存的要求

土壤储存最基本的要求是，在储存时间内土壤性质不应发生大的改变。一般来讲，扰动型土壤样品经风干处理后，储存期间性状改变不大。对于采集的新鲜土壤样品，储存时土壤性质会有显著变化，尤其是与土壤微生物活动、氧化还原条件、挥发性物质等有关的性状。这种情况下，土壤样品必须采取特殊的储存办法，如低温(−5℃或液氮)处理或在容器中充氮气。

3. 土壤样品储存器

理想的土壤样品储存器是带有螺纹盖的玻璃瓶(图 1.6)，在瓶上的标签上注明土壤名称、编号和过筛尺寸。标签上的编号要具有一定的含义，如 14-07-R-12-2 编号表示 2014 年 7 月采集的红壤第 12 号样品，过 2 mm 筛。此外，在瓶内必须另加一张有相同编号的塑料标签，以防瓶上的标签丢失或无法辨认。

近年来，由于采样数量的急剧增加，为了节约成本，常使用塑料或纸质容器。其中，聚乙烯类容器得到广泛使用，因为它的性质比较稳定、不易碎、价格低廉。但需要注意的是，该类容器不适合存放被有机物污染的土壤样品。

(a)螺旋口的普通玻璃瓶　　(b)螺旋口的棕色玻璃瓶　　(c)螺旋口的普通塑料瓶　　(d)螺旋口的棕色塑料瓶

图 1.6　土壤样品储存器

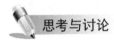 思考与讨论

设计一份用于农田土壤肥力状况调查的土壤样品制备方案。

第二章　土壤含水量测定

水分是土壤组成成分之一，是土壤内部物理、化学和生物过程不可缺少的介质，也是土壤、植物与其环境间进行物质交换的媒介。土壤水分不仅影响土壤的物理性质，关系土壤中养分的溶解、转移和微生物的活性，更是陆地植物赖以生存的基本条件。降水或灌溉水都要转化成土壤水才能被植物吸收，土壤中水分的多少直接影响着作物的生长情况。测定土壤含水量可了解土壤的水分状况，本章介绍土壤质量含水量和土壤田间持水量的测定方法。

第一节　土壤质量含水量

土壤质量含水量是指土壤中水分的质量与相应固相物质质量的比值，通常用土壤中水分重量占土壤干重的百分比来表示。土壤质量含水量(一般称水分含量)是研究陆地生态系统物质和能量循环的关键指标，对生态系统水文过程与水量平衡、养分循环、植被生产力及生态系统服务功能的发挥等具有重要指示作用。本节介绍其测定方法。

一、实验目的

掌握土壤质量含水量测定的基本原理和方法,熟悉恒温烘箱的正确使用方法。通过自然土壤水分的测定，可以了解各生态系统土壤的水分状况。测定风干土壤样品含水量，可将土壤样品换算成烘干土重，各项分析结果的计算以烘干土重为基础，更具可比性。

二、测定方法与原理

1. 土壤含水量的测定方法

土壤含水量的测量方法很多，主要有称重法、张力计法(也称负压计法)、电阻法、中子法、γ射线法、时域反射仪法(TDR)、高频振荡法(FDR)及光学法等。其中，称重法又可分为恒温箱烘干法、酒精燃烧法、红外线烘干法等。恒温箱烘干法具有操作简便、数据重复性好等优点，一直被认为是测定土壤水分含量最经典和最精确的标准方法。本节主要介绍恒温箱烘干法。

2. 恒温箱烘干法测定土壤质量含水量的原理

土壤样品在(105±5)℃下连续烘烤，土壤中的自由水、膜状水和吸湿水都被烘干，而固体部分不会失重。烘烤至恒重后，以烘干前后的土壤质量差值来计算干物质和水分的含量，用水分和干物质的质量百分比表示含水量。

三、实验仪器、器皿和试剂

(1) 土钻：采集土壤样品。

(2) 样品筛(孔径 2 mm)：土壤样品前处理。

(3) 小型铝盒：直径约 40 mm，高约 20 mm。

(4) 大型铝盒：直径约 55 mm，高约 28 mm。

(5) 分析天平：精度为 0.01 g 和 0.001 g。

(6) 小型电热恒温烘箱。

(7) 干燥器：装有无水变色硅胶或无水氯化钙。

(8) 样品勺。

四、操作步骤

1. 风干土壤样品质量含水量的测定

(1) 将小型铝盒擦干净，编号，放在 105℃恒温烘箱中烘烤约 2 h，转入干燥器内冷却至室温，称重(精确至 0.001 g)，数据记入表 2.1(m_0)。

(2) 将待测土壤样品(约 5 g)平铺在铝盒中，盖好盒盖，称重(精确至 0.001 g)，数据记入表 2.1(m_1)。

(3) 揭开铝盒盖子，置于盒底，放入已预热至(105±5)℃的烘箱中烘烤 6 h左右。

(4) 取出，盖好盖子，移入干燥器内冷却至室温(约 20 min)，称重，数据计入表 2.1(m_2)。

(5) 重复第(3)步，继续烘烤 0.5~1 h，再重复第(4)步。比较前后两次称重数据，确定是否恒重(前后两次重量差不超过 1%)。如果恒重，实验结束；如果没有达到恒重，重复第(5)步，直至达到恒重，实验结束。

(6) 风干土壤样品质量含水量测定简易流程图如图 2.1 所示。

2. 新鲜土壤样品质量含水量的测定

(1) 将大型铝盒擦干净，编号，放在 105℃恒温烘箱中烘烤约 2 h，转入干燥器内冷却至室温，称重(精确至 0.01 g)，数据记入表 2.1(m_0)。

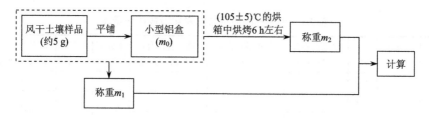

图 2.1　风干土壤样品质量含水量测定简易流程图

(2)将待测土壤样品(约 20 g)平铺在铝盒中,盖好盒盖,称重(精确至 0.01 g),数据计入表 2.1(m_1)。

(3)揭开铝盒盖子,置于盒底,放入已预热至(105±5)℃的烘箱中烘烤 12 h左右。

(4)取出,盖好盖子,移入干燥器内冷却至室温(约 30 min),称重,数据计入表 2.1(m_2)。

(5)重复第(3)步,继续烘烤 1~2 h,再重复第(4)步。比较前后两次称重数据,确定是否恒重(前后两次重量差不超过 1%)。如果恒重,实验结束;如果没有达到恒重,重复第(5)步,直至达到恒重,实验结束。

(6)新鲜土壤样品质量含水量测定简易流程图如图 2.2 所示。

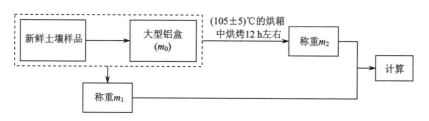

图 2.2　新鲜土壤样品质量含水量测定简易流程图

五、结果计算

1. 实验数据记录

土壤样品质量含水量实验数据记录如表 2.1 所示。

2. 土壤含水量计算

计算公式如下:

$$含水量(\%) = \frac{m_1 - m_2}{m_2 - m_0} \times 100\%$$

表 2.1　土壤样品质量含水量实验数据记录表

试样编号	采样深度/cm	铝盒号	烘干空铝盒质量 m_0/g	烘干前铝盒+土壤质量 m_1/g	烘干后铝盒+土壤质量 m_2/g	水分质量/g	干土质量/g	含水量/%	平均含水量/%
1	0～5	1-1							
		1-2							
		1-3							
2	5～10	2-1							
		2-2							
		2-3							

六、注意事项

(1)重复测定的结果用算术平均值表示，保留小数点后一位。

(2)重复测定结果的标准差，含水量小于 5%的风干土壤样品不应超过 0.2%，含水量为 5%～25%的潮湿土壤样品不应超过 0.3%，含水量大于 25%的大粒(粒径约 10 mm)黏重潮湿土壤样品不应超过 0.7%。

(3)对于黏粒含量高的土壤，测定含水量时烘箱温度必须保持在 100～110℃范围内。

(4)有机质含量高的土壤样品不宜采用本方法，因为在 105℃条件下烘干样品时，会造成某些有机质的损失。烘干法适用于有机质含量不超过 5%的土壤。当有机质的含量在 5%～10%时，也可用烘干法，但需注明有机质含量。对于有机质含量很高的土壤样品，需要采用真空干燥法测定含水量。

(5)在烘干土壤样品时，烘箱温度不能超过 110℃，因为在高温烘烤时，土壤有机质会逐渐分解而失重，一些矿物质则逐渐氧化而增重。

七、实验案例

1. 研究目的

黄土高原处于干旱和半干旱气候区，水分是制约该地区农业和生态环境建设的主要因素。土壤水资源(特别是深层土壤水分)对当地经济林木(如苹果树)的生长发育及产量形成具有重要的意义，需要了解不同深度土壤的含水量变化规律。

2. 研究方法

以黄土高原不同树龄(6 年、9 年、12 年、18 年和 21 年)的苹果园为研究对象，使用管形土钻采集土壤剖面样品(0～8 m)，采用烘干法测定土壤含水量，研究土壤剖面含水量的分布特征。

3. 研究结果

根据果园土壤含水量的分布特征可以将土层划分为水分快速变化层(0～0.6 m)、水分再分布层(0.6～2.0 m)、水分过渡层(2.0～4.0 m)和水分稳定层(4.0～8.0 m)四个土层。其中,水分再分布层(0.6～2.0 m)是果树吸收水分最关键的土层,该土层的土壤含水量最低,而水分稳定层(4.0～8.0 m)的土壤水分变化保持相对稳定。苹果园的土壤含水量显著低于农田(带星号的线),特别是在0～2.0 m的土层(图2.3)。

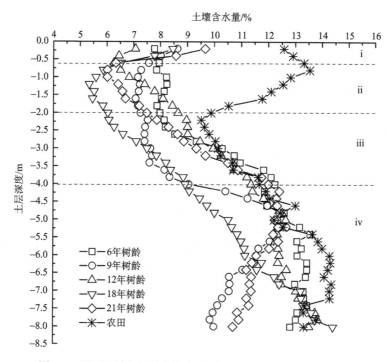

图2.3　不同树龄苹果园土壤含水量垂直变化(Song et al., 2021)

i层为水分快速变化层(0～0.6 m);ii层为水分再分布层(0.6～2.0 m);iii层为水分过渡层(2.0～4.0 m);iv层为水分稳定层(4.0～8.0 m)

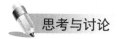 思考与讨论

谈谈烘干法测定土壤含水量的原理和测定过程中的注意事项。

第二节　土壤田间持水量

土壤田间持水量是指在地下水较深和排水良好的土地上充分灌水或降水后，允许水分充分下渗，并防止水分蒸发，经过一定时间后，土壤所能维持的、较稳定的水含量(土水势或土壤水吸力达到一定数值)。它是土壤所能稳定保持并对作物有效的最高土壤水含量，通常是一个常数，可用作灌溉上限和计算灌水定额的指标。不同质地土壤的田间持水量相差较大，一般黏土>壤土>砂土，结构较好的土壤田间持水量大于结构差的土壤田间持水量。本节介绍土壤田间持水量的测定方法。

一、实验目的

初步掌握土壤田间持水量的测定方法与原理，认识土壤田间持水量在农田合理灌溉中的重要意义。

二、测定方法与原理

1. 土壤田间持水量的测定方法

测定土壤田间持水量可在室内进行，也可在田间进行。室内测定主要采用环刀法和压力膜(板)法，而田间测定一般采用围框法。围框法的测定结果较符合田间的实际情况，但是测定结果的重复性通常较差，而且在渗透性很差的土壤和水源不足的地方不宜采用。近年来，围框淹灌仪器法逐渐成为在田间测定土壤田间持水量的新方法。本节将介绍环刀法〔《土壤检测第 22 部分：土壤田间持水量的测定——环刀法》(NY/T 1121.22—2010)〕和围框淹灌仪器法〔《土壤田间持水量的测定　围框淹灌仪器法》(NY/T 3678—2020)〕。

2. 方法原理

土壤田间持水量是指土壤中的毛管悬着水达到最大量时的土壤含水量，在形式上包括吸湿水、膜状水和毛管悬着水。当土壤充分灌水后，土壤水分达到饱和状态，即全部土壤孔隙充满水，然后在重力作用下重力水充分下渗，并防止土壤表面水分蒸发。经过一定时间后，土壤所能保持的水含量即为土壤田间持水量。

三、环刀法测定土壤田间持水量

1. 测定原理

利用环刀在实验地块上采集原状土壤，带回实验室内，在人工干预的条件下，使土壤样品含水量达到饱和，排除重力水后，测定的土壤含水量即为土壤田间持水量。

2. 仪器和设备

(1)分析天平：精度为 0.01 g 和 0.001 g。

(2)环刀：容积为 100 cm^3。

(3)标准筛：孔径为 2 mm。

(4)小型电热恒温烘箱。

(5)铝盒：直径约 55 mm，高约 28 mm。

(6)干燥器。

(7)橡皮锤子。

(8)凡士林。

3. 操作步骤

1)用环刀采集原状土壤

当田间土壤处于半干半湿的水分状态且具有一定的可塑性时，适合用环刀采集原状土壤。清除采样点土壤表面的杂物，挖掘土壤剖面，剖面深度由计划采样深度决定。取样时，先在环刀内壁擦一层凡士林，以降低环刀壁与土壤之间的摩擦阻力，将环刀托放在环刀上，用橡皮锤敲击环刀手柄，将环刀打入相应的采样点。需要注意的是，在将环刀打入土壤的过程中，要均匀用力，避免环刀倾斜和摇晃造成自然土壤结构的改变。如出现上述情况，则应另选采样点重新取样。

将环刀打入采样点后，用切土刀将环刀外侧土壤削平，盖上无孔盖，挖出环刀，再用切土刀将另一侧土壤削平，使环刀内的土壤体积恰好为环刀的容积，盖上有孔盖，清理环刀外部多余的土后，装入环刀盒。在上述过程中，如果环刀内部的土壤有掉出、松动或发现取样体积内有石块等情况，则应重新取样。一般在同一田块相同深度的土层采集 3～6 个原状土壤样品。取样时，应避开石块、作物根系或杂物。在相同的土层处，另取一些土壤样品，装入样品袋。利用减震措施将环刀土壤带回实验室(图2.4)。

图 2.4　环刀土壤

2)土壤充分浸泡灌水

将环刀有孔盖一面向下、无孔盖一面向上放入平底容器中,缓慢加入水,保持水面比环刀上缘低 1～2 mm,当土壤表面出现一层水膜时,表明土壤浸泡至饱和状态。同一田块的原状土壤样品具有大致相同的质地,可将其放在一起浸泡,以便提高工作效率。通常黏土浸泡 48～72 h,砂土、壤土浸泡 24 h。

3)下层土壤模拟

将相同土层的散装土壤样品除去较大石块或杂物,风干、磨碎、通过 2 mm筛,装入具无孔底盖的环刀中,轻拍、压实,保持土壤表面平整并高出环刀边缘1～2 mm,在土壤表面覆盖一张略大于环刀口外径的滤纸,置于水平台上。

4)排除重力水

将装有水分充分饱和的原状土壤样品的环刀从浸泡容器中取出,移去底部有孔的盖子,放置在盖有滤纸的装有风干土壤样品的环刀上,将两个环刀边缘对接整齐并用 2 kg 左右的重物压实,使其接触紧密,以利于重力水下渗。

5)测定土壤田间持水量

经过 8 h 水分下渗过程后,取上层环刀中的原状土 15～20 g,放入已恒重的铝盒(m_0)中,立即称重(精确至 0.01 g)(m_1)。然后放置在(105±5)℃的烘箱中烘干至恒重(约 12 h),取出后放入干燥器内冷却至室温,称重(精确至 0.01 g)(m_2),计算含水量,即为土壤田间持水量。

6)环刀法测定土壤田间持水量的简易流程

环刀法测定土壤田间持水量简易流程图如图 2.5 所示。

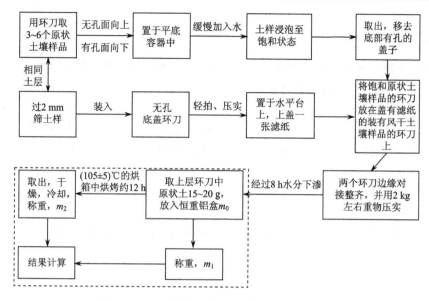

图 2.5 环刀法测定土壤田间持水量简易流程图

4. 计算

土壤田间持水量计算公式如下：

$$X = \frac{m_1 - m_2}{m_2 - m_0} \times 100\%$$

式中，X 为土壤田间持水量 (%)；m_0 为烘干铝盒质量 (g)；m_1 为烘干前铝盒+试样的质量 (g)；m_2 为烘干后铝盒+试样的质量 (g)。

5. 注意事项

重复测定结果的允许绝对误差 ≤1%。

四、围框淹灌仪器法

1. 测定原理

选择有代表性的地块，通过灌水或降水使土壤充分饱和，在无蒸发的条件下，自然渗漏排除重力水，一定时间内土壤水分达到平衡，毛管悬着水达到最大值时的土壤含水量，即为土壤田间持水量。本方法利用土壤水分 (墒情) 自动监测设备，在围框淹灌条件下使土壤达到过饱和，实时测定土壤含水量的变化，确定土壤田间持水量。

2. 材料和仪器设备

(1)铁框、木框、塑料框或其他材质框架：1 m×1 m，框高约 25 cm。

(2)干草、秸秆或其他垫料。

(3)塑料薄膜。

(4)土壤水分(墒情)自动监测设备：基本技术条件应符合《土壤水分(墒情)监测仪器基本技术条件》(GB/T 28418—2012)的要求，分辨率≤0.1%。

3. 操作步骤

1)地块选择

选择代表性强、空旷平坦的地块，平整地面，避免灌水或降水积聚于低洼处而影响水分均匀下渗。

2)土壤水分(墒情)自动监测设备安装

安装土壤水分(墒情)自动监测设备时应尽量减少对土壤的扰动，传感器应与土壤紧密接触，压紧压实。安装完成后对设备数据采集、存储和发送等功能进行测试，确保设备运行正常(图 2.6)。

(a) 土埂   (b) 铁框

图 2.6 土壤水分(墒情)自动监测装置(辛玉琛, 2019)

3)筑埂

以土壤水分(墒情)自动监测设备埋设探头的位置为中心，四周筑起一道正方形(2 m×2 m)土埂(从埂外取土筑埂)，埂高约 30 cm，埂底宽约 30 cm。以传感器埋设位置为中心放入圆形或正方形铁框(以圆形铁框为例)，铁框入土深度约 20 cm，放入铁框时注意不要损坏数据传输线(图 2.6)。框内面积 1 m²，为测试区。若无铁框，可在内部再筑一个埂来替代，埂内面积仍为 1 m²。铁框或内埂外的部分为保护区，防止测试区内的水外流。

4）计算灌水量

灌水量要确保测试区 1 m 深土体达到饱和，用土壤水分（墒情）自动监测设备测定 1 m 深土体各层的含水量，按以下公式计算灌水量：

$$Q = 2 \times (\theta_2 - \theta_1) \times 4 / 100$$

式中，Q 为灌水量（m³）；θ_2 为田间持水量（%），一般砂土和砂壤土取 22%，轻壤土和中壤土取 28%，重壤土和黏土取 35%；θ_1 为灌水前土壤含水量（%）。

灌水量也可采用经验值，一般砂土为 1.4 m³，壤土和黏土为 1.8 m³。

5）灌水

灌水前在测试区和保护区的地面铺放一薄层干草、秸秆或其他垫料，避免灌水时冲击土壤，破坏表土结构。灌水时先灌保护区，迅速建立 5 cm 厚的水层，然后向测试区灌水，同样建立 5 cm 厚的水层。保护区内灌 3/4 的水量，测试区内灌 1/4 的水量，直至用完计算的总灌水量。

6）覆盖

灌水完成后，在测试区和保护区再覆盖一层干草或秸秆，在干草或秸秆上覆盖塑料薄膜，避免土壤水分蒸发和雨水渗入，一直保持到土壤田间持水量测定结束。

7）测定

保持土壤水分（墒情）自动监测设备正常工作，每小时测定一次各层土壤体积含水量，冬季土壤封冻时不宜测定。

围框淹灌仪器法测定土壤田间持水量简易流程图如图 2.7 所示。

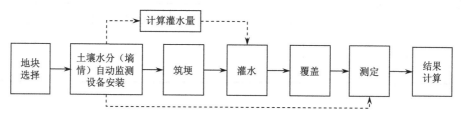

图 2.7　围框淹灌仪器法测定土壤田间持水量简易流程图

4. 计算

从灌水前一天开始提取连续观测数据，将同一层次土壤含水量数据进行 4 h 数据的滑动平均。在退水过程中，当同一层次滑动平均土壤含水量的变化曲线达到拐点，即当前时间点和之前第 4 个时间点的变化幅度不超过 0.4%（$|\theta_{t,i} - \theta_{t-4,i}| \leqslant 0.4\%$）时，当前时间点和前 3 个时间点的平均土壤含水量（$\theta'_{t,i}$）即为该层土壤的田间持水量：

$$\theta'_{t,i} = \left(\theta_{t,i} + \theta_{t-1,i} + \theta_{t-2,i} + \theta_{t-3,i} \right) / 4$$

式中，$\theta'_{t,i}$ 为当前时间点和前 3 个时间点所测的土层平均土壤含水量(%)；$\theta_{t,i}$ 为当前时间点所测的土层土壤含水量(%)；t 为当前时间点。

5. 注意事项

同一位置前后测定值相对误差不大于 5%。

五、实验案例

1. 研究目的

研究不同质地土壤的田间持水量。

2. 研究方法

采用围框淹灌法研究吉林中西部地区 11 个市县的 26 个代表地块的土壤田间持水量。研究结果表明，土壤田间持水量受土壤质地影响明显，表现为黏土>壤土>砂土(表 2.2)。同一块地不同土层深度，土壤田间持水量也不同，砂土表土层(0~10 cm)田间持水量较 10~20 cm、20~30 cm 的稍小；砂壤土、黏壤土、黏土在 20~30 cm 深土层田间持水量最大(表 2.2)。

表 2.2　土壤田间持水量实验综合成果表(姜波，2012)

土层深度/cm	土壤质地/%				
	砂土	砂壤土	壤土	黏壤土	黏土
0~10	16.7	19.4	25.5	24.8	25.0
10~20	17.7	19.9	24.7	24.6	26.4
20~30	17.5	21.5	24.7	26.3	29.5

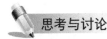 思考与讨论

谈谈土壤田间持水量的测定原理与主要的测定方法。

第三章　土壤孔隙度和质地分析

土壤孔隙是容纳水分和空气的空间，也是植物根系伸展和土壤生物生活繁衍的场所，对土壤功能的形成和发挥具有重要作用。孔隙度是描述土壤孔隙性质的指标之一。土壤质地是土壤的一种较为稳定的自然属性，是区分土壤种类的依据之一，也是土壤改良、施肥和田间管理时必须考虑的基本属性。土壤孔隙度和土壤质地是两个常用的、重要的物理性质。本章介绍土壤孔隙度和质地的分析方法。

第一节　土 粒 密 度

土粒密度(ρ_s)是指单位体积中土壤固体物质(不包括气体和水分)的质量，单位是 t/m^3 或 g/cm^3。土粒密度是计算土壤孔隙度、土壤质量-体积转换关系及土壤颗粒组成分析中的必要参数，其大小与土壤有机质含量和矿物组成有关。绝大多数矿质土壤的密度在 $2.6\sim2.7\ g/cm^3$，一般取固定值 $2.65\ g/cm^3$。土壤中氧化铁和各种重矿物含量多时土粒密度增高，有机质含量高时土粒密度则降低。有些文献中使用"比重"一词来表示土粒密度，其准确含义是指土粒的密度与标准大气压下 4℃时水的密度之比，又称相对密度。一般情况下，水的密度取 $1.0\ g/cm^3$，故比重在数值上与土粒密度相等，但量纲不同，现在"比重"一词已废止。本节介绍土粒密度的测定方法。

一、实验目的

掌握土粒密度的测定方法与原理。

二、测定方法与原理

1. 测定方法

通常采用比重瓶法测定土粒密度。

2. 方法原理

利用排水法测定土粒的体积，即将一定质量的土壤样品放入充满水(或其他液体)的比重瓶中，完全排出气体后，得出固体土壤样品排出水的体积。土壤固体烘干重和排出水的体积之比，即为土粒密度。

三、实验仪器、器皿和试剂

(1)天平(精度 0.001 g)。

(2)玻璃比重瓶(50 mL 或 100 mL),比重瓶上部带有瓶口塞(图 3.1),瓶口塞中间有毛细管,可以使多余的液体溢出。

瓶口塞

图 3.1　比重瓶

(3)温度计。

(4)砂浴或电热板。

(5)烘箱。

(6)吸水纸。

四、操作步骤

(1)制备无气水。将蒸馏水煮沸 5～10 min 后,冷却至室温,现用现制。

(2)测定土壤吸湿水含量。称取 10 g 过 2 mm 筛的风干土壤样品(精确至 0.001 g)在(105±5)℃下烘干至恒重,计算其含水量,即吸湿水含量。

(3)在比重瓶中加满无气水,盖上瓶盖,过多的水分从瓶盖小孔溢出,用吸水纸擦干,然后称重 m_1(精确至 0.001 g),并用温度计记录水温。

(4)将比重瓶中的水倒出一半,称取 10 g 过 2 mm 筛的风干土壤样品(精确至 0.001 g)加入比重瓶中,轻轻摇动使土粒充分湿润。将比重瓶放在砂浴或电热板上加热煮沸,保持沸腾 1 h。沸腾过程中要适当摇动比重瓶,以除去土壤样品中的空气,并防止过度沸腾,导致样液溢出(注意防止比重瓶倾倒)。

（5）完成煮沸后，将比重瓶取下，冷却至室温。再向比重瓶中加满无气水，并盖好瓶口塞，使多余水分从瓶盖小孔溢出，擦干后称重 m_2（精确至 0.001 g）。此时，需保持水温和步骤（3）相同。

（6）由步骤（2）得到的吸湿水含量，进一步计算得到风干土中土壤固体颗粒重量 m_0。如用烘干土测定，则可以省去此步骤，烘干土称量的质量即为 m_0。

（7）每个土壤样品做三次重复测定。

（8）比重瓶法测定土粒密度简易流程图如图 3.2 所示。

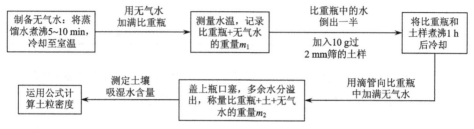

图 3.2　比重瓶法测定土粒密度简易流程图

五、结果计算

土粒密度 ρ_s（g/cm^3）可由以下公式得出

$$\rho_s = \frac{m_0}{(m_0 + m_1 - m_2) / \rho_w}$$

式中，ρ_w 为某温度下水的密度（g/cm^3，见表 3.1）；m_0 为烘干土壤样品质量或风干土校正吸湿水后的质量（g）；m_1 为比重瓶+无气水质量（g）；m_2 为比重瓶+无气水质量+土壤样品质量（g）。

表 3.1　不同温度下水的密度

温度/℃	密度/(g/cm^3)
18.0	0.9986
18.5	0.9985
19.0	0.9984
19.5	0.9983
20.0	0.9982
20.5	0.9981
21.0	0.9980
21.5	0.9979
22.0	0.9978

续表

温度/℃	密度/(g/cm³)
22.5	0.9977
23.0	0.9976
23.5	0.9974
24.0	0.9973
24.5	0.9972
25.0	0.9971
25.5	0.9969
26.0	0.9968

计算实例：某同学取得风干土壤样品(土壤类型为褐土，北京市海淀区)，测定其吸湿水含量为 0.023 g/g。当室温为 24℃时，称取待测土壤样品 10.010 g，则吸湿水校正后的土壤颗粒质量为

$$m_0 = \frac{10.010}{1+0.023} \approx 9.785 \, \text{g}$$

比重瓶加满无气水质量 m_1 为 84.190 g。

加入土壤样品煮沸冷却并加满无气水后的总质量 m_2 为 90.283 g。

查表 3.1 可得 24℃时水的密度为 0.9973 g/cm³。

根据上述计算公式可计算得到土粒密度：

$$\rho_s = \frac{9.785}{(9.785+84.190-90.283)/0.9973} \approx 2.64 \, \text{g/cm}^3$$

六、注意事项

对于含盐量和活性胶体含量较高的土壤样品，因黏滞水和盐分的影响，不宜加水煮沸，否则会使测定结果偏大。因此，要用非极性液体(如煤油或石油等)代替无气水进行测定，此时需用真空抽气法代替煮沸法，以除去土壤中的空气。

七、土粒密度的影响因素

土粒密度的大小与土壤的成土母质及主要矿物组成有关，常见土壤母质的密度见表 3.2。一般地，石英矿物的密度为 2.65 g/cm³，因此，以石英矿物为主的土壤，其土粒密度可以近似取 2.65 g/cm³。土壤颗粒密度还会受到耕作措施、重质矿物的类型及含量和所在地形位置的影响。耕作措施会影响黏土矿物的分布，土壤中的重质矿物会发生侵蚀和位移，进而影响土粒密度。

表 3.2　常见土壤母质的密度(Flint and Flint, 2002)

土壤母质	密度/(g/cm³)
玛瑙	2.5~2.7
玄武岩	2.4~3.1
白云岩	2.84
火石	2.63
花岗岩	2.64~2.76
腐殖质	1.5
石灰岩	2.68~2.76
大理岩	2.6~2.84
砂岩	2.14~2.36
蛇纹岩	2.5~2.65
板岩	2.6~3.3

思考与讨论

1. 某同学在测定土粒密度的过程中，在沸腾时部分液体溢出比重瓶，会如何影响最终测定结果？如果土壤中含盐量较高，则又如何影响测定结果？

2. 测定过程中未用无气水进行测定，会如何影响测定结果？

第二节　土　壤　容　重

土壤容重是指一定体积原状土壤(包括土粒及粒间的孔隙)的干重，又称干容重或土壤密度，单位一般用 t/m³ 或 g/cm³ 表示。土壤容重是最基础的土壤物理指标之一，其大小会直接影响土壤水分运动、养分有效性、植物根系生长、土壤生物活性和污染物迁移等过程。此外，土壤容重也可以作为土壤松紧程度的一项指标。土壤容重小，表明土壤疏松多孔，大孔隙占比多；土壤容重大，表明土壤较为紧实，大孔隙占比小。本节介绍土壤容重的测定方法。

一、实验目的

掌握土壤容重的测定方法与原理。

二、测定方法与原理

1. 测定方法

土壤容重的测定方法较多，有填砂法、水银排出法、环刀法、蜡封法和 γ 射线法。其中，环刀法应用最为普遍，是测定土壤容重的标准方法；蜡封法和水银排出法主要用于测定一些呈不规则形状的坚硬和易碎土壤的容重；填砂法比较复杂费时，除非是石质土壤，一般大批量的测定都不采用此方法；γ 射线法需要特殊仪器和防护设施，不易广泛使用。

2. 环刀法测定土壤容重的原理

利用已知体积的环刀(一般为 100 cm³)，采集原状土壤样品，用恒温干燥箱烘干至恒重后，称重，得到土壤样品干重，最后根据环刀体积计算土壤容重。

三、实验仪器、器皿和试剂

(1)环刀(容积为 100 cm³，两端加环刀盖)和环刀托(图 3.3)。
(2)天平(感量 0.01 g)。
(3)剖面刀。
(4)橡皮锤。
(5)小铝盒。
(6)铁铲。
(7)凡士林。
(8)烘箱。

(a) 环刀装置　　　　　　　　　　　　　(b) 野外环刀法取样

图 3.3　环刀装置和野外环刀法取样示意图

四、操作步骤

(1)根据研究需要,选取有代表性的采样点,如果只需测定表层土壤容重,则不需要挖掘土壤剖面;如果需测定剖面土壤容重,则根据需要挖掘一定深度的土壤剖面,在修理平整的剖面上从下到上用环刀取样。

(2)用铁铲移除采样点表面的石块、杂草等,并用剖面刀将采样点表面修理平整。在环刀内壁擦一层凡士林,以降低环刀壁与土壤之间的摩擦阻力,将环刀托放在环刀上,环刀刀口向下,用橡皮锤将环刀垂直打入土中,直至环刀中充满土壤(图 3.3)。需要注意的是,在将环刀打入土壤的过程中,需要均匀用力,避免环刀倾斜和摇晃造成自然土壤结构的改变。如出现上述情况,则应另选采样点重新取样。

(3)用剖面刀将环刀周围的土壤移除,小心地取出环刀和环刀托,然后用剖面刀削除环刀两端多余的土壤,使土壤体积和环刀体积相同,并清理环刀外部黏着的土壤,在环刀两端加上盖子固定土壤和防止水分蒸发。在此过程中,如果环刀内部的土壤有掉出、松动或发现取样体积内有石块等情况,应重新取样。每个采样点重复取 3~6 个。

(4)将环刀中的土壤全部转移至已知质量的小铝盒中(小铝盒质量为 m_1,原状土+小铝盒总质量为 m_2,精确至 0.01 g),并在(105±5)℃烘箱中烘干至恒重,冷却至室温后称重(质量为 m_3,精确至 0.01 g)。

(5)环刀法测定土壤容重流程图如图 3.4 所示。

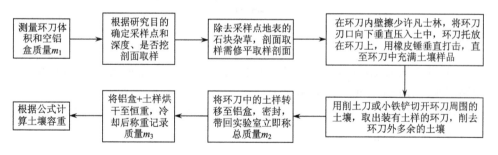

图 3.4　环刀法测定土壤容重流程图

五、结果计算

土壤容重 ρ_b(g/cm³)可由以下公式计算得出

$$\rho_b = \frac{m_3 - m_1}{100}$$

式中,m_3 为烘干后小铝盒+土壤样品质量(g);m_1 为小铝盒质量(g);100 为环刀的体积(100 cm³)。

环刀法也可以同时获取土壤含水量(设水的密度为 1 g/cm³):

$$\theta_v = \frac{m_2 - m_3}{100} \times 100\%$$

$$\theta_m = \frac{m_2 - m_3}{m_3 - m_1} \times 100\%$$

式中，θ_v 为体积含水量(%，体积分数)；θ_m 为质量含水量(%，质量分数)；m_3 为烘干后小铝盒+原状土样质量(g)；m_2 为烘干前小铝盒+土壤样品质量(g)；m_1 为小铝盒质量(g)；100 为环刀的体积(100 cm³)。

计算实例：土壤容重样品的采样地为北京市海淀区某农田，土壤类型为褐土，地表为裸土。在测定中，使用环刀的体积为 100 cm³，将土壤全部从环刀转移至质量为 24.51 g 的小铝盒中，此时小铝盒+土壤样品总质量为 190.95 g。放入(105±5)℃烘箱中烘至恒重，冷却后称量 169.11 g，则土壤容重为

$$\rho_b = \frac{169.11 - 24.51}{100} \approx 1.45 \text{ g/cm}^3$$

此时，土壤体积含水量也可计算得到

$$\theta_v = \frac{190.95 - 169.11}{100} \times 100\% \approx 22\%$$

而土壤质量含水量为

$$\theta_m = \frac{190.95 - 169.11}{169.11 - 24.51} \times 100\% \approx 15\%$$

六、注意事项

(1)环刀压入土壤时，要避免用力过猛而将环刀压入太深，这会使环刀内部的土壤压实，导致测得的土壤容重偏大。

(2)对于较为疏松的耕作层土壤，在环刀法取样过程中易压实土壤，造成结构的改变，因此，刚刚耕作完的土壤不宜采集环刀样品。

(3)对于砾石和根系较多的土壤，不宜使用环刀法进行取样，可考虑使用挖坑法。

(4)刚降水后或者灌溉后的土壤，含水量较高，用环刀取样容易造成土壤压实和变形，因此，不宜在土壤太湿的时候进行取样。同样，太干的土壤也不宜进行环刀样品的采集。

(5)对于变异性较大的土壤，可使用体积较大的环刀，以增加容重取样的代表性。

七、实验案例

1. 研究目的

研究不同土壤剖面土壤容重的变化特征。

2. 研究方法

研究方法采用环刀法。

3. 研究结果

土壤容重随剖面深度的增加而增大。与翻耕相比，免耕管理增加了黑土表层的土壤容重（表 3.3）。

表 3.3　不同地点和土层深度的土壤容重（公旭，2011；张猛，2017）

地点	土层深度/cm	容重/(g/cm³)
河北省沽源县坝上草原生态系统(栗钙土)	0～10	1.34
	10～20	1.37
	20～50	1.59
吉林省梨树县翻耕试验田(黑土)	0～10	1.21
	10～20	1.48
	20～50	1.55
吉林省梨树县免耕试验田(黑土)	0～10	1.35
	10～20	1.54
	20～50	1.55

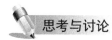 思考与讨论

某同学在用环刀法测定黏壤土容重时，得到土壤容重的结果为 1.70～1.80 g/cm³，分析这个数据的可靠性，并给出可能的原因。

第三节　土壤孔隙度

土壤孔隙度是指单位体积土壤中固体颗粒之间的所有孔隙体积与土壤总体积之比，包括总孔隙度、充气孔隙度、土壤孔隙比等指标，单位是 m³/m³，也可用百分比(%)表示。土壤孔隙度是反映土壤结构特征的基本物理参数，直接影响土

壤持水、保肥和通气能力，从而影响土壤肥力和植被生态状况，对各种地表过程，如侵蚀、地表径流产流等也会产生重要作用，一直是土壤学关注的重要土壤物理指标。本节介绍土壤孔隙度的测定方法。

一、实验目的

掌握土壤孔隙度的测定方法。

二、测定方法与原理

1. 土壤孔隙度

土壤孔隙度(P_t，%)通常不直接测定，而是利用计算法获取，可由以下公式计算得到

$$P_t(\%) = \frac{V_p}{V_t} \times 100\% = \frac{V_t - V_s}{V_t} \times 100\% = \left(1 - \frac{V_s}{V_t}\right) \times 100\% = \left(1 - \frac{\rho_b}{\rho_s}\right) \times 100\%$$

式中，V_t、V_p 和 V_s 分别为土壤总容积、总孔隙所占容积和固体所占容积(m^3)。

由上式可知，计算 P_t 需要用到土壤容重(ρ_b)和土粒密度(ρ_s)。土壤容重一般可用环刀法测定，矿质土壤土粒密度一般取 2.65 g/cm^3，也可用比重瓶法精确测定。

2. 土壤充气孔隙度

土壤充气孔隙度(P_a，%)为单位体积土壤中气体所占容积与土壤总容积的比，可由总孔隙度和土壤体积含水量(θ_v)计算得出

$$P_a(\%) = P_t - \theta_v$$

3. 土壤孔隙比

土壤孔隙比(e)是指土体中的孔隙体积与固体颗粒体积之比，可由下式计算得出

$$e = \frac{P_t}{1 - P_t}$$

三、注意事项

在测定田间土壤孔隙度时，采集样品需考虑孔隙度的变异特征，如垄作农田的垄上和垄沟处的孔隙度差异很大，需要综合考虑特定研究尺度、研究问题和代表性等因素，以确定采样方案。

四、计算实例

某实验在壤土上用环刀法测定的土壤容重和土壤体积含水量分别为 1.45 g/cm³ 和 22%，并假设土粒密度为 2.65 g/cm³。

土壤孔隙度为

$$P_t\left(\%\right) = \left(1 - \frac{1.45}{2.65}\right) \times 100\% \approx 45\%$$

土壤充气孔隙度为

$$P_a(\%) = 45\% - 22\% = 23\%$$

土壤孔隙比为

$$e = \frac{45\%}{1 - 45\%} \approx 0.82$$

五、实验案例

1. 研究目的

研究不同质地、不同生态系统的土壤孔隙度。

2. 研究结果

土壤总孔隙度与土壤质地有密切关系，黏土孔隙度最大，砂土最小(表 3.4)。随着剖面深度增加，土壤孔隙度有减小趋势。山西省吉县森林生态系统的土壤孔隙度高于河北省沽源县坝上草原生态系统，但是低于甘肃省天祝藏族自治县草地生态系统(表 3.5)，说明影响孔隙度的因素很复杂。各种自然因素(如地形、植被覆盖、土壤类型等)、土地利用和人类活动等都会影响土壤孔隙度，使其呈现明显的时空变异特征。

表 3.4　不同质地土壤孔隙度对比(王义华等，1980)

质地	土壤孔隙度/(m³/m³)
砂土	0.3～0.4
壤土	0.4～0.5
黏土	>0.5

表 3.5　不同生态系统中的土壤孔隙度对比(路远等，2009；公旭，2011；刘俊廷等，2020)

地点	土层深度/cm	土壤孔隙度/(m³/m³)
河北省沽源县坝上草原生态系统	0～10	0.49
	10～20	0.48
	20～50	0.40

续表

地点	土层深度/cm	土壤孔隙度/(m^3/m^3)
山西省吉县森林生态系统	0～20	0.56
	20～40	0.53
	40～60	0.52
甘肃省天祝藏族自治县草地生态系统	0～10	0.73
	10～20	0.69
	20～50	0.59

 思考与讨论

农田土壤耕作后，需要研究其孔隙度的空间变化规律。某同学计划取样一次，三个重复，然后开展研究工作。这样是否合适？并说明原因。

第四节　土壤颗粒组成分析

土壤是由大小、形状不同的土壤颗粒组成的多孔介质。土壤中各个粒级的矿质土粒所占的质量百分数称为土壤颗粒组成。根据土壤颗粒组成人为划分的土壤物理性状类别称为土壤质地。土壤颗粒组成较为相似的土壤归为同一质地的土壤。土壤质地是土壤基础物理性状，影响着土壤中水分运移、热量传输及养分的有效性等。在土壤学研究中，土壤颗粒组成是首要测定的项目之一。本节介绍土壤颗粒组成分析方法。

一、实验目的

掌握土壤颗粒组成的分析原理与分析方法。

二、测定方法与原理

1. 测定方法

测定土壤颗粒组成的方法主要有比重计法、激光粒度仪法和吸管法，三种方法各具优缺点(表3.6)。其中，吸管法是测定土壤颗粒组成的经典方法，本节着重介绍吸管法的原理。

2. 吸管法测定土壤颗粒组成的原理

吸管法以斯托克斯(Stokes)定律为基础。Stokes 定律主要指土壤颗粒的直径与沉降时间等因素存在定量关系，通过这种定量关系可将具有不同直径的土壤颗粒分开。

表3.6　土壤颗粒组成的测定方法及其优缺点对比

方法	原理	优点	缺点
比重计法	利用比重计测定土壤颗粒悬浮液的密度，得到各粒级土壤颗粒质量占比	简单省时	准确度较差，精度受到测定条件的影响
激光粒度仪法	激光在通过土壤颗粒悬浮液时产生散射，其光线衍射角度与土壤颗粒大小有关	测定速度快，所需样品量少	精度受到土壤颗粒层叠导致多重散射的影响，黏粉粒级别的微粒多呈扁平状，其测量误差大
吸管法	土壤颗粒大小与其在悬浮液中的沉降时间存在定量关系[斯托克斯(Stokes)定律]	较为准确，是测定土壤质地的标准方法	测定费时费力，精度依赖于实验者的操作水平

Stokes定律的基本假设是：把土壤颗粒看作是土粒密度相同、不受流体分子热运动影响的光滑球体，且相邻土壤颗粒在沉降时互相不影响，沉降过程中只有层流而无湍流。当土粒在悬浮液中所受的重力、浮力和摩擦力平衡时，可以获得土粒直径(D)与沉降时间(t)的关系：

$$D=\sqrt{\frac{18z\eta}{g(\rho_s-\rho_l)t}}$$

式中，g为重力加速度($9.8\ \text{m/s}^2$)；ρ_s为土粒密度(g/cm^3)；ρ_l为水的密度(g/cm^3)；z为土粒沉降深度(m)；η为水的黏滞系数[g/(m·s)]，可以根据表3.7查到对应温度下水的黏滞系数。

表3.7　不同温度下水的黏滞系数(η)

温度/℃	黏滞系数/[$10^{-3}\ \text{g/(m·s)}$]	温度/℃	黏滞系数/[$10^{-3}\ \text{g/(m·s)}$]
18	1.053	24	0.9111
20	1.002	26	0.8705
22	0.9548	28	0.8327

吸管法是按照不同沉降时间(t)吸取一定深度(z)处的土壤悬浮液，并基于以上公式得到不同沉降时间下对应的小于粒级D的土粒累积量，将吸取的悬浮液烘干后，对应的小于粒级D的累积量顺次相减，即可得到某一粒径范围的对应土粒质量。

三、实验仪器、器皿和试剂

1. 仪器与器皿

(1)沉降筒(1000 mL 量筒)。

(2)带有孔金属片的搅拌棒。

(3)洗筛(直径 6 cm，孔径 0.2 mm)。

(4)三角瓶(500 mL)。

(5)大小漏斗若干。

(6)称量瓶。

(7)玻璃棒。

(8)烧杯(250 mL)。

(9)天平(0.01 g，0.0001 g)。

(10)电砂浴。

(11)秒表。

(12)温度计(0.1℃)。

(13)烘箱。

(14)洗瓶。

(15)洗耳球(也称吸耳球)。

2. 试剂

(1)0.2 mol/L 盐酸溶液：16.6 mL 浓盐酸稀释至 1 L。

(2)6%过氧化氢溶液：200 mL 过氧化氢(30%)稀释至 1 L。

(3)0.05 mol/L 盐酸溶液：4.2 mL 浓盐酸稀释至 1 L。

(4)0.5 mol/L 氢氧化钠溶液：20 g 氢氧化钠(化学纯)溶于水，稀释至 1 L。

(5)0.5 mol/L 草酸铵溶液：6.2 g 草酸铵(化学纯)溶于水，稀释至 100 mL。

(6)0.5 mol/L 草酸钠溶液：67 g 草酸钠(化学纯)溶于水，稀释至 1 L(用于中性土壤)。

(7)0.5 mol/L 六偏磷酸钠溶液：305 g 六偏磷酸钠(化学纯)溶于水，稀释至 1 L(用于碱性土壤)。

(8)50 g/L 硝酸银溶液：5 g 硝酸银(化学纯)溶于水，稀释至 100 mL。

(9)10%乙酸溶液：10 mL 冰醋酸稀释至 100 mL。

(10)10%硝酸溶液：15 mL 浓度为 68%的浓硝酸稀释至 100 mL。

(11)10%氨水：40 mL 氨水(25%)稀释至 100 mL。

(12)异戊醇(化学纯)。

四、操作步骤

土壤质地分析过程分为样品前处理(去除有机质和土壤分散)、筛分(>0.2 mm 的粗土粒)及沉降分离(<0.2 mm 的细土粒)等步骤。

1. 样品前处理

(1)>2 mm 石砾的处理。实验之前需要将土壤样品中>2 mm 的石砾过筛除去，将石砾附着物洗净后烘干称重。

(2)吸湿含水量的测定。称量 3 份过 2 mm 筛的风干土壤样品(10~20 g，黏土 10 g，其他质地 20 g 或更多，精确到 0.01 g)，放入烘箱(105±5)℃烘至恒重(>6 h)，计算吸湿含水量和风干土壤样品质量，作为计算各粒级土粒质量的基础。

(3)称量土壤样品。称取过 2 mm 筛的风干土壤样品 10~20 g(精确至 0.0001 g)，每个样品 4 个重复。

(4)去除有机质。将称量好的 4 份土壤样品分别放入 250 mL 烧杯中，加少量蒸馏水湿润样品。然后加过氧化氢溶液(试剂 2)20 mL，用玻璃棒充分搅拌，使土壤中有机质与过氧化氢充分反应。反应过程中会产生大量气泡，为防止样品溢出，需要适当晃动烧杯或加入少量异戊醇(试剂 12)消泡。直至烧杯中有机质完全氧化无明显气泡产生，过量的过氧化氢可用加热法去除。如已知土壤有机质含量很低，则无须去除有机质，此步骤可以忽略。

(5)去除 $CaCO_3$。经上述处理后，样品中加入 0.2 mol/L 盐酸溶液(试剂 1)，直至无气泡产生。脱钙过程中应随时去除样品上面的清液，以保证盐酸的浓度。如果土壤盐酸反应强烈，说明土壤中有大量 $CaCO_3$，可以适当增加盐酸溶液的浓度。在样品前处理之前，如已测试土壤样品无明显盐酸反应，此步骤可以忽略。

(6)淋洗 Ca^{2+}。经上述处理后，需再用稀盐酸溶液(试剂 3)淋洗 Ca^{2+}。为缩短淋洗时间，每次加入一定量稀盐酸溶液，待滤干后再加入少量稀盐酸溶液继续淋洗。取淋洗液 5 mL 于小试管中，滴入 10%氨水溶液(试剂 11)中和，再加数滴乙酸溶液(试剂 9)调成微酸性溶液，加入几滴草酸铵溶液(试剂 5)稍加热。若有白色草酸钙沉淀，说明样品中仍有 Ca^{2+}存在，需继续加稀盐酸淋洗，直至没有草酸钙沉淀为止。

(7)淋洗多余的 HCl。去掉 Ca^{2+}的土壤样品，还需用蒸馏水淋去多余的 HCl 和其他氯化物。充分淋洗后，取少量(5 mL)淋洗液于小试管中，加入数滴硝酸溶液(试剂 10)使滤液酸化，再加入 1~2 滴硝酸银溶液(试剂 8)，若有白色氯化银沉淀，则需继续淋洗直至无白色沉淀为止。用蒸馏水淋洗样品，应注意当电解质淋失后土壤趋于分散，因而滤液渐趋混浊，说明这时土壤样品中的 Cl⁻含量已极微，可立即停止淋洗，以免土壤胶体损失，影响分析结果的准确性。

(8)计算洗失量。取一份上述处理过的样品于已知质量的容器(烧杯)中,先在电砂浴(或电热板)上加热蒸干水分,再放入烘箱,在 105~110℃下烘至恒重,冷却,称重(0.0001 g),计算洗失量。

2. 制备悬浮液

(1)将上述完成前处理的另三份土壤样品(如无须去除有机质和 CaCO₃,则直接用过 2 mm 筛的风干土壤样品即可)全部转移到 500 mL 的三角瓶中。根据土壤的酸碱性加入相应的分散剂(以每 10 g 样品计):酸性土壤加入 10 mL 0.5 mol/L 氢氧化钠溶液(试剂 4),中性土壤加入 10 mL 0.5 mol/L 草酸钠溶液(试剂 6),碱性土壤加入 10 mL 0.5 mol/L 六偏磷酸钠溶液(试剂 7),浸泡过夜。然后加蒸馏水至 250 mL 左右,瓶口盖上小漏斗防止悬液溢出,放置在电砂浴上煮沸并保持沸腾 1 h,使土粒充分分散。注意在煮沸前应经常摇动三角瓶,以防止土粒结底;煮沸过程中有起泡现象可以滴入少量异戊醇或者蒸馏水消泡,以免溢出。

(2)将分散好的悬浮液冷却后转移到 1000 mL 沉降筒中。转移前,沉降筒上放置直径 7~9 cm 的漏斗,漏斗中放置一个直径 6 cm、孔径 0.2 mm 的洗筛,将三角瓶中的悬浮液通过洗筛全部转移至沉降筒中(三角瓶内壁上附着的土粒需用洗瓶全部洗入沉降筒内)。用蒸馏水将洗筛冲洗干净,确保直径<0.2 mm 的土粒全部转移至沉降筒中。应特别注意冲洗到沉降筒的水量不能超过 1000 mL。最后加蒸馏水将沉降筒定容至 1000 mL 备用。

(3)在<0.2 mm 孔径的土壤样品颗粒全部转移到沉降筒后,将洗筛上的土粒全部转移到小烧杯中,小心倾去清水,在电砂浴上蒸干,放入 105~110℃烘箱中烘至恒重,称量(0.0001 g),计算粒径范围为 2~0.2 mm 的土粒含量。

3. 细土粒沉降分离

(1)细土粒沉降分离需要用移液管吸取沉降筒中液面下方 10 cm 处的悬浮液(图 3.5)。首先,用温度计测量悬浮液的温度,按测量水温计算 0.05 mm 和 0.002 mm 土粒沉降至 10 cm 处的时间(根据测定原理中的公式计算)。

(2)用搅拌棒搅拌悬浮液 1 min,为防止产生涡流,搅拌悬浮液时上下速度要均匀,且搅拌棒向下时一定要触及沉降筒底部,使全部土粒都能悬浮;搅拌棒向上时,下端有孔金属片不能漏出液面,一般至液面下 3~5 cm 即可,否则会使悬液产生涡流,影响土粒沉降规律。一般上下各搅拌 30 次即可停止。搅拌结束时开始计时,此时为起始时间。

(3)在吸取悬浮液之前,应反复练习用移液管吸取悬浮液的操作,以避免实际操作时的失误。吸取悬浮液时,在吸取前 20 s 将移液管放入沉降筒规定深度(10 cm 处),到达预定吸取时间后,吸取悬浮液 25 mL。吸取时,要注意控制吸取速度不可太快，以免影响土壤颗粒的沉降速率。将吸取的悬浮液全部转移至小烧杯中，并用蒸馏水冲洗移液管内部附着的土粒，全部洗入小烧杯内。此时吸取的是对应粒径＜0.05 mm 的土粒。隔一定时间之后，重复此步骤吸取粒径＜0.002 mm 的土粒悬浮液。

图 3.5　细土粒沉降分离后形成的悬浮液

（4）将小烧杯内的悬浮液在电砂浴上蒸干，再移至烘箱(105±5)℃烘至恒重，最后称重(0.0001 g)。

4. 分散剂空白测定

取 10 mL 分散剂(六偏磷酸钠溶液或者氢氧化钠溶液或者草酸氨溶液)，放入沉降筒中，定容至 1000 mL，搅匀，用移液管吸取 25 mL 并放入小烧杯中，蒸干至恒重。三个重复，计算最后分散剂的空白质量。

5. 流程

吸管法测定土壤颗粒组成流程图如图 3.6 所示。

五、计算过程

（1）吸湿水：

$$吸湿水(\%) = \frac{m_1 - m_2}{m_2} \times 100\%$$

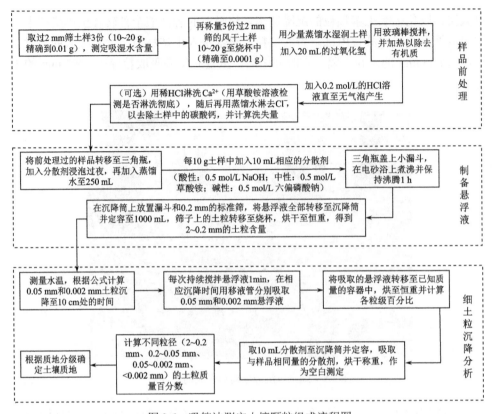

图 3.6　吸管法测定土壤颗粒组成流程图

(2)洗失量:

$$洗失量(\%) = \frac{m_2 - m_3}{m_2} \times 100\%$$

(3)2～0.2 mm 土粒质量百分数:

$$2～0.2 \text{ mm 土粒质量百分数}(\%) = \frac{m_4}{m_2} \times 100\%$$

(4)0.05～0.002 mm 土粒质量百分数:

$$0.05～0.002 \text{ mm 土粒质量百分数}(\%) = \frac{(m_5 - m_6) \times t_s}{m_2} \times 100\%$$

(5)<0.002 mm 土粒质量百分数:

$$<0.002 \text{ mm 土粒质量百分数}(\%) = \frac{(m_6 - m_7) \times t_s}{m_2} \times 100\%$$

(6)0.2～0.05 mm 土粒质量百分数:

$$0.2～0.05 \text{ mm 土粒质量百分数}(\%) = 100 - \left[(2) + (3) + (4) + (5)\right]$$

式中，m_1 为风干土质量(g)；m_2 为烘干土质量(g)；m_3 为前处理除去有机质和 $CaCO_3$ 之后的烘干土质量(g)，如洗失量很少，可以认为 $m_2=m_3$；m_4 为 2～0.2 mm 土粒质量(g)；m_5 为 <0.05 mm 土粒和分散剂质量(g)；m_6 为 <0.002 mm 土粒和分散剂质量(g)；m_7 为分散剂质量(g)，计算公式为 $m_7=cVm_d$，其中，c 为分散剂浓度(mol/L)，V 为分散剂体积(L)，m_d 为分散剂的摩尔质量(g/mol)；t_s 为分取倍数，此实验中为 1000/25=40。

最后，根据砂粒(2.0～0.05 mm)、粉粒(0.05～0.002 mm)及黏粒(<0.002 mm)含量的百分比，在美国制土壤质地分类三角坐标图(图 3.7)上查出土壤质地名称。

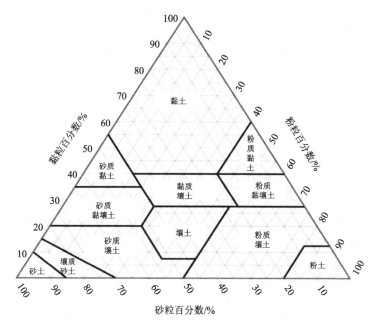

图 3.7　美国制土壤质地分类三角坐标图

计算实例：以来自北京市海淀区中国农业大学科学园(116°29′N，40°03′E)的某土壤样品为例(土壤类型为褐土)，进行土壤颗粒组成分析。采集的土壤样品为弱碱性，过 2 mm 筛，其土粒密度为 2.65 g/cm³，吸湿含水量为 0.023 g/g。在室温 20℃时，根据以上步骤进行土壤颗粒组成分析。根据 Stokes 定律计算可得，其粒径 <0.05 mm 和 <0.002 mm 的土粒分别对应的吸液时间为 45 s 和 7 h 45 min 10 s。经过前处理、用六偏磷酸钠溶液分散土粒并制备悬浮液、洗筛及细土粒沉降吸液等步骤，得到以下测定结果。

取风干土壤样品质量为 m_1=14.8870 g，根据吸湿水含量校正可得实际土壤质量为 m_2=14.5547 g。在前处理过程中盐酸反应不明显，因此，洗失量为 0。将煮沸后的悬浮液转移至沉降筒后，烘干确定洗筛上的土粒质量为 m_4= 0.7722 g。沉降开始后，45 s 后吸液 25 mL 烘干得 m_5= 0.3217 g，7 h 45 min 10 s 后吸液 25 mL 烘干得 m_6= 0.1275 g。另吸取 25 mL 分散剂烘干得 m_7= 0.0381 g，分取倍数为 t_s = 1000/25 = 40。因此，计算以下粒级数量：

$$2\sim0.2 \text{ mm 土粒质量百分数}(\%) = \frac{0.7722}{14.5547} \times 100\% \approx 5.31\%$$

$$0.05\sim0.002 \text{ mm 土粒质量百分数}(\%) = \frac{(0.3217 - 0.1275) \times 40}{14.5547} \times 100\% \approx 53.37\%$$

$$<0.002 \text{ mm 土粒质量百分数}(\%) = \frac{(0.1275 - 0.0381) \times 40}{14.5547} \times 100\% \approx 24.57\%$$

$$0.2\sim0.05 \text{ mm 土粒质量百分数}(\%) = 100 - 5.31 - 53.37 - 24.57 = 16.75\%$$

砂粒的质量百分比为 5.31%+16.75% =22.06%，粉粒的质量百分比为 53.37%，黏粒的质量百分比为 24.57%。最后，根据美国制土壤质地分类三角坐标图查到土壤质地为粉质壤土(图 3.7)。

六、注意事项

(1)测定前必须对土壤颗粒进行分散。

(2)本书中以美国制土壤粒级分级制进行了说明，即砂粒、粉粒和黏粒的粒径范围分别为 2.0～0.05 mm、0.05～0.002 mm 和<0.002 mm。对于特定的研究，需要首先确定用哪种分级制，如中国制或者国际制等，然后根据具体分级要求确定吸液时间。如果需要粒径分布曲线，则要计算多个粒径的吸液时间。国际制和美国制的土壤粒级划分标准见表 3.8。

表 3.8　国际制和美国制的土壤粒级划分标准

国际制		美国制	
粒级名称	粒级/mm	粒级名称	粒级/mm
石砾	>2	石块	>3
		粗砾	2～3
粗砂	2～0.2	极粗砂粒	2～1
		粗砂粒	1～0.5
		中砂粒	0.5～0.25
细砂	0.2～0.02	细砂粒	0.25～0.1
		极细砂粒	0.1～0.05
粉(砂)粒	0.02～0.002	粉(砂)粒	0.05～0.002
黏粒	<0.002	黏粒	<0.002

七、实验案例

表 3.9 为使用吸管法测定的不同地点的水稻土土壤颗粒组成,并对照美国制土壤质地分类三角坐标图确定了土壤质地。

表 3.9 不同地点的水稻土土壤颗粒组成

地点	黏粒/%	粉粒/%	砂粒/%	土壤质地
阳江	10.8	28.6	60.6	砂质壤土
清远	23.8	47.7	28.5	壤土
九江	28.8	53.3	17.9	粉质黏壤土
五常	35.3	56.2	8.5	粉质黏壤土
梧州	53.6	32.9	13.5	黏土

思考与讨论

1. 某同学在土壤颗粒组成分析过程中没有充分去除有机质,讨论可能出现的后果。

2. 某同学在土壤颗粒组成分析时忘记加分散剂对土壤颗粒进行分散,讨论可能出现的后果。

第四章　土壤电化学性质分析

土壤胶体带有电荷是土壤与砂粒的根本区别,也是土壤具有肥力的根本原因。土壤表面电荷的数量决定了吸附离子的数量,质子的传递引起土壤酸碱反应,而电子的传递引起土壤氧化还原反应。与土壤中带电质点(胶粒、离子、质子和电子)之间的相互作用相关联的电化学性质,是土壤重要的化学性质,影响土壤肥力、养分循环、微生物活性、污染物的土壤化学行为和生物有效性。本章介绍土壤酸碱性、土壤氧化还原电位和土壤阳离子交换量的测定方法。

第一节　土壤酸碱性的测定

土壤酸碱性是指土壤溶液呈酸性、中性或碱性的相对程度,取决于土壤溶液中 H^+ 浓度或其与 OH^- 浓度的比例。土壤 pH 是最常用的指示土壤酸碱程度的指标。土壤 pH 是土壤溶液中 H^+ 活度的负对数,是土壤重要的化学性质之一,与土壤养分的存在状态、转化及有效性密切相关,同时又对土壤微生物活动和作物生长有着重要的影响。本节介绍土壤 pH 的测定方法。

一、实验目的

掌握土壤 pH 的分析技术。

二、测定方法与原理

1. 测定方法

目前,测定土壤 pH 常用的方法主要有比色法和电位测定法。比色法的精确度较差,误差在 0.5 左右。该方法的优点是简单、方便,涉及的试剂较少,通常用于野外速测。电位测定法精确度比较高,误差在 0.02 左右,适用于实验室精确测定。

2. 方法原理

比色法测定 pH 的原理:在不同 H^+ 浓度的溶液中某些染料的颜色会发生变化,可将这些染料配成指示剂,在其与待测的土壤溶液产生颜色反应后,再与标准的 pH 比色卡(图 4.1)进行比对,从而确定土壤的 pH。现在常将几种不同 pH 范围的指示剂混合在一起，配成混合指示剂。

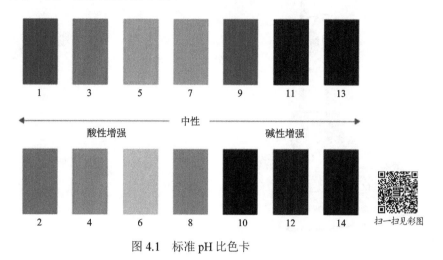

图 4.1　标准 pH 比色卡

电位测定法测定 pH 的原理：用 pH 计测定土壤悬浊液的 pH 时，常用玻璃电极为指示电极，甘汞电极为参比电极。当玻璃电极和甘汞电极同时插入土壤悬浊液时，构成一个电池反应，两者之间产生电位差。由于参比电极的电位是固定的，该电位差的大小取决于玻璃电极内外溶液的 H^+ 活度，即

$$E = 0.0591 \lg \frac{a_1}{a_2}$$

式中，a_1 为玻璃电极内溶液的 H^+ 活度（固定不变）；a_2 为玻璃电极外溶液，即待测液的 H^+ 活度。电位计将读数换算成 pH，即 H^+ 活度的负对数，可直接读出数值。

三、实验仪器和试剂

1. 仪器

电位测定法测定土壤 pH 的仪器为各种型号的酸度计（图 4.2）。

2. 所需试剂

（1）pH=4.01 标准缓冲液：称取在 105℃ 烘箱中烘过的邻苯二甲酸氢钾（$KHC_8H_4O_4$）10.210 g，用蒸馏水溶解后稀释至 1 L。

（2）pH=6.87 标准缓冲液：称取在 45℃ 烘箱中烘过的磷酸二氢钾（KH_2PO_4）3.390 g 和无水磷酸氢二钠（Na_2HPO_4）3.530 g，溶解在蒸馏水中，定容至 1 L。

（3）pH=9.18 标准缓冲液：称取 3.800 g 硼砂（$Na_2B_4O_7 \cdot 10H_2O$）溶于蒸馏水中，定容至 1 L。此溶液易发生变化，应注意保存。

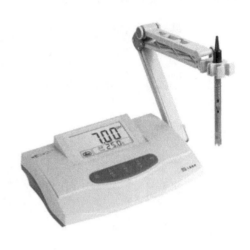

图 4.2 酸度计

(4) 1 mol/L 氯化钾(KCl)溶液：称取氯化钾(KCl) 74.550 g，溶于 400 mL 蒸馏水中，用 10%氢氧化钾和盐酸调节 pH 至 5.5～6.0，然后稀释至 1 L。

四、操作步骤

1. 土壤活性酸度的测定

(1) 待测液的制备：称取过 1 mm 或 2 mm 筛孔的风干土壤 10.00 g 于 50 mL 的小烧杯中，再加去除 CO_2 的蒸馏水 25 mL，用玻璃棒剧烈搅动 1～2 min，静置 30 min，此时应注意避免空气中有氨或挥发性酸的影响，然后用酸度计测定。

(2) 仪器校正：在使用酸度计之前，先接通电源预热 10 min，然后校正仪器，保证仪器处于最佳工作状态。根据被测溶液的 pH 范围，选择两点标准缓冲溶液值进行校正。第一点缓冲溶液的 pH 通常为 6.87(试剂 2)，第二点缓冲溶液的 pH 需要根据被测溶液的酸碱性来选择，即选择 pH=4.01(试剂 1)或 pH=9.18(试剂 3)的缓冲溶液。校正时，把电极插入缓冲溶液中，使标准溶液的 pH 与仪器标度上的 pH 一致。然后移出电极，用水冲洗并用滤纸吸干电极外部的水后，插入另一标准缓冲溶液中。两点标定结束后，移出电极，用蒸馏水冲洗，再用滤纸吸干电极外部的水，待用。

(3) 测定：将酸度计电极的球泡浸入待测土壤的下部悬着液中，并轻微摇动，等读数稳定后，记录待测液 pH。每个样品测完后，立即用去除 CO_2 的蒸馏水冲洗电极，并用滤纸将水吸干，再依次测定下一个样品。在较为精确的测定中，每测定 5～6 个样品后，需要将电极的顶端在饱和 KCl 溶液中浸泡一下，以保持顶端部分为 KCl 溶液所饱和，然后重新校正仪器。

2. 土壤交换性酸度的测定

土壤交换性酸度采用中性盐(如 1 mol/L KCl 或 0.01 mol/L CaCl$_2$)溶液进行测定，除用盐溶液代替无 CO$_2$ 蒸馏水外，其他操作步骤均相同。

3. 步骤

电位法测定土壤 pH 的步骤示意图如图 4.3 所示。

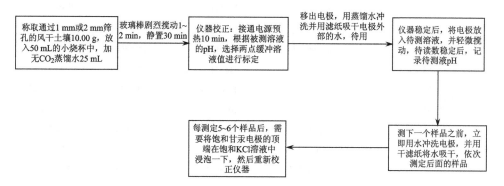

图 4.3　电位法测定土壤 pH 的步骤示意图

五、注意事项

(1)液土比例。碱性土壤可用液土比例 1∶1 测定，而酸性土壤可用液土比例 1∶1 或 2.5∶1 进行测定。在同一研究中液土比应该固定。

(2)样品磨碎的影响。土壤样品不宜磨得过细，宜采用通过 1 mm 或 2 mm 筛孔的土壤样品进行测定。

(3)静置平衡时间的影响。在制备悬液时，如果土壤与提取剂的浸提平衡时间不够，会影响电极扩散层与自由溶液之间氢离子的分布状况，导致测定误差。对于不同土壤而言，搅拌及静置平衡的时间要求不同，推荐采用连续搅拌 2 min 后静置 30 min 测定。

(4)酸度计有各种型号，测定时必须按仪器的操作说明使用。

六、实验案例

表 4.1 展示了采用电位法测定的我国不同类型土壤的 pH。不同区域的土壤 pH 差异很大，在 4.77～8.83。

表 4.1　基于 CERN 长期观测的典型土壤类型土壤 pH(郭志英，2021)

中国土壤发生分类	地点	经度	纬度	pH
干旱冲积新成土	新疆阿克苏	80°51′E	40°37′N	7.84±0.26
黄绵土	陕西安塞	109°19′23″E	36°51′30″N	8.6±0.12
风沙土	新疆策勒	80°43′45″E	37°00′57″N	7.85±0.18
水稻土	江苏常熟	120°41′53″E	31°32′56″N	7.17±0.47
黑垆土	陕西长武	107°40′E	35°12′N	8.41±0.14
灰漠土	新疆阜康	87°45′E	43°45′N	8.1±0.3
潮土	河南封丘	114°24′E	35°00′N	8.46±0.33
石灰土	广西环江	108°18′E	24°43′N	7.22±0.38
黑土	黑龙江海伦	126°55′E	47°27′N	6.05±0.49
褐土	河北栾城	114°41′E	37°53′N	8.22±0.11
潮土	西藏拉萨	91°20′37″E	29°40′40″N	7.04±0.25
干旱砂质新成土	甘肃临泽	100°07′E	39°21′N	8.83±0.21
风沙土	内蒙古奈曼	120°42′E	42°55′N	8.41±0.25
水稻土	江西千烟洲	115°04′13″E	26°44′48″N	5.14±0.35
灌淤土	宁夏沙坡头	104°57′E	37°27′N	8.32±0.1
棕壤	辽宁沈阳	123°24′E	41°31′N	5.47±0.27
水稻土	湖南桃源	111°27′E	28°55′N	4.77±0.41
潮土	山东禹城	116°22′E	36°40′N	8.49±0.14
紫色土	四川盐亭	105°27′E	31°16′N	8.39±0.23
红壤	江西鹰潭	116°55′42″E	28°12′21″N	5.18±0.47

资料来源：中国生态系统研究网络土壤分中心。

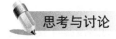

思考与讨论

采用去离子水和中性盐溶液测定同一种土壤的 pH，结果会有何不同？活性酸度与交换性酸度有何区别？

第二节　土壤氧化还原电位的测定

土壤中存在许多可变价态的元素，当土壤环境发生变化时，尤其是土壤水分含量发生变化时，它们可在土壤微生物的作用下发生一系列复杂的氧化还原反应，深刻影响土壤中物质的迁移转化、土壤微生物活性、土壤肥力、土壤污染物形态和毒性等。土壤氧化还原电位(Eh)是衡量土壤氧化还原状况的最常用指标，它的大小由土壤溶液中氧化态物质和还原态物质的浓度决定，是土壤重要的化学性质之一。本节介绍土壤 Eh 的测定方法。

一、实验目的

掌握土壤 Eh 的测定方法。

二、测定方法与原理

1. 测定方法

目前，测定土壤 Eh 值的常用方法是铂电极直接测定法(电位法)。

2. 方法原理

将一支铂电极(氧化还原电极)插入体系(土壤或水)中，作为特殊的电子传导者，土壤或水中的可溶性氧化剂或还原剂将从铂电极上接受电子或给予电子，直至在铂电极上建立起一个平衡电位，即该体系的氧化还原电位，通常用 Eh(mV) 表示，h 指相对于电极电位为零的氢电极而言，其间的数量关系应符合氧化还原反应的能斯特(Nernst)方程式：

$$Eh = E_0 + \frac{RT}{nF} \ln \frac{(氧化剂)}{(还原剂)}$$

式中，E_0 为氧化还原体系的标准电位，其数值由氧化还原体系的本性所决定。对于某个氧化还原体系，在一定温度下，E_0、n、R、T 和 F 均是固定值，E_0 为氧化还原体系的标准电位，其数值由氧化还原体系的本性所决定；n 为电极反应中得失的电子数；R 代表气体常数 8.3143，单位为 J/(K·mol)；T 代表绝对温度，单位为 K；F 为法拉第常数，约为 96500 C/mol。故体系的 Eh 将由氧化剂与还原剂的活度比，即氧化剂/还原剂来决定，而不是取决于其绝对值。

由于单个电极电位是无法测得的，故须与另一个电极电位固定的参比电极(即相对于氢电极，其电位为已知的电极，如饱和甘汞电极)构成电池，用电位计测量该电池的电动势，然后计算出铂电极上建立的平衡电位，即 Eh。

三、实验仪器和试剂

1. 仪器

(1)土壤氧化还原电位测定仪(图 4.4)：输入阻抗不小于 10 GΩ，灵敏度为 1 mV。

(2)氧化还原电极：铂电极，需在空气中保存并保持清洁。

(3)参比电极：银-氯化银电极或甘汞电极。参比电极相对于标准氢电极的电位见表4.2。银-氯化银电极应保存于1.00 mol/L或3.00 mol/L的氯化钾溶液中，氯化钾的浓度与电极中使用的浓度相同，或直接保存于含有相同浓度氯化钾溶液的盐桥中。

(4)温度计：灵敏度为±1℃。

(5)电极架：可将铂电极和参比电极固定在带夹子的支架上，夹子可上下移动，以便于操作。

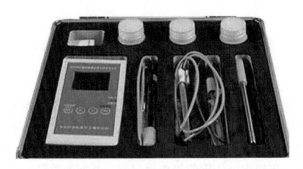

图4.4　土壤氧化还原电位测定仪

表4.2　饱和甘汞电极在不同温度时的电位

温度/℃	Eh/mV	温度/℃	Eh/mV
0	260.1	25	244.3
10	254.0	30	241.0
12	253.0	35	237.7
15	250.8	38	235.6
18	248.9	40	234.2
20	247.6	50	227.1

2. 试剂

(1)氧化还原缓冲溶液：在30 mL pH=4.01的缓冲液中，加入少量醌氢醌($C_{12}H_{10}O_4$)固体粉末获得悬浊液(溶液中有不溶的固体存在)，或等摩尔的铁氰化钾-亚铁氰化钾(mol/mol)的混合溶液。

(2)1.00 mol/L氯化钾溶液：称取74.550 g氯化钾(化学纯)于适量蒸馏水中溶解，再转入1 L容量瓶中，定容。

(3)氯化钾饱和溶液：称取35 g氯化钾(化学纯)，溶于100 mL水中，充分搅拌后仍有固体氯化钾存在。

(4)电极清洁材料：细砂纸、去污粉、棉布。

四、操作步骤

(1)将铂电极和参比电极固定在电极架上，并分别与电位计接线柱的正、负端相连，选择开关置于"mV"档。然后将两电极插入土壤或其他介质中，平衡 2 min 或 10 min 后读数。

(2)在野外测定时，可以不用电极架，直接将铂电极和参比电极插入土中，两者距离尽量靠近些。为抓紧时间，一般平衡 2 min 后读数，但测定误差较大（图 4.5）。

(3)在室内或测定精度要求较高时，应将平衡时间延长到 10 min，使之充分平衡，其相对标准是 5 min 的电位值变动不超过 1 mV。

图 4.5　土壤 Eh 原位测定示意图

从左到右分别为参比电极、铂电极、温度计

(4)测点的重复次数要根据研究区大小和土壤的均匀程度确定，一般测 5～10 次。在进行重复测定时，铂电极要用水洗净，再用滤纸吸干，然后插入另一点进行测定。在参比电极需移位时，其前端盐桥（指与土壤接触的前端砂芯）处应洗干净，并在氯化钾饱和溶液（试剂 3）中稍加浸泡。

(5)在测氧化还原电位的同时，要测定温度和 pH，以对氧化还原电位进行换算和 pH 校正。

(6)电位法测定土壤 Eh 的步骤示意图见图 4.6。

图 4.6　电位法测定土壤 Eh 的步骤示意图

五、结果计算

按照以下公式计算土壤的氧化还原电位(Eh)：

$$Eh= E_m+E_r$$

式中，Eh 为土壤的氧化还原电位(mV)；E_m 为仪器读数(mV)；E_r 为测定温度下参比电极相对于标准氢电极的电位值(mV)(表 4.2)。

六、注意事项

(1)铂电极使用前，应使用氧化还原缓冲溶液(试剂 1)检查其响应值，如果其测定电位值与氧化还原缓冲溶液的电位值之差大于 10 mV，应进行净化或更换。

(2)参比电极使用前也需要检测。参比电极可以相互检测，但至少需要三个参比电极轮流连接，当一个电极的读数和其他电极的读数差超过 10 mV 时，可视为该电极有缺陷，应弃用。

(3)参比电极应避免阳光直射。

(4)使用同一支铂电极连续测试不同类型的土壤后，仪器读数常出现滞后现象，此时，应在测定每个样品后对电极进行清洗净化(试剂 2)。必要时，将电极放置于氯化钾饱和溶液(试剂 3)中浸泡，待参比电极恢复原状方可使用。

(5)如果土壤水分含量低于 5%，应尽量缩短铂电极与参比电极间的距离，以减小电路中的电阻。

(6)由于 H^+ 参与很多氧化还原反应，一定的氧化还原体系的 Eh 与 pH 之间具有特定的变化关系。在不同 pH 条件下测得的土壤 Eh 要换算成同一 pH 条件的 Eh才能比较。在一般的土壤条件下，习惯上用 pH 每升高一个单位，Eh 降低 60 mV作为校正因素，反之亦然。

七、实验案例

表 4.3 展示了电位法测定的三江平原沼泽湿地和旱地农田土壤的 Eh。毛果薹草湿地 Eh 为负值，0～10 cm 为–10 mV，10～30 cm 为–112mV。旱地农田土壤Eh 则为正值，0～10 cm 为 396 mV，10～30 cm 为 250 mV。

表 4.3　不同土地利用方式下土壤 Eh　　　　　(单位：mV)

土地利用方式	0～10 cm	10～30 cm
毛果薹草湿地	–10	–112
旱地农田	396	250

资料来源：中国科学院三江平原沼泽湿地生态试验站(47°35′N, 133°31′E)。

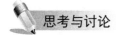

思考与讨论

讨论测定土壤氧化还原电位的常用方法及其原理。

第三节　土壤阳离子交换量的测定

土壤阳离子交换量(cation exchange capacity, CEC)是指土壤胶体所能吸附的各种阳离子(K^+、Na^+、Ca^{2+}、Mg^{2+}、Al^{3+}、H^+等)的总量，其数值以每千克土壤的厘摩尔数表示(cmol/kg, 1 mol = 100 cmol)。我国北方的黏质土壤阳离子交换量一般在 20 cmol/kg 以上，高的可达 50 cmol/kg；而南方红壤一般在 20 cmol/kg 以下。土壤阳离子交换量是土壤缓冲性能的主要来源，是评价土壤保肥能力、改良土壤和合理施肥的重要依据，也是高产、稳产农田肥力的重要指标。测定土壤阳离子交换量对于划分土壤质量等级、指导农业生产和土壤污染修复等都具有重要意义。本节介绍土壤阳离子交换量的测定方法。

一、实验目的

了解土壤阳离子交换量的主要测定方法，掌握乙酸铵法测定土壤阳离子交换量的原理及操作步骤。

二、测定方法与原理

1. 测定方法

目前常用的土壤阳离子交换量的测定方法为乙酸铵法(适用于中性土壤和酸性土壤)、氯化钡-硫酸镁法(适用于高度风化酸性土壤)、氯化铵-乙酸铵法(适用于石灰性土壤)和乙酸钠法(适用于石灰性土壤和盐碱土)。本节主要介绍乙酸铵法。

2. 乙酸铵法的原理

用 1 mol/L 乙酸铵溶液，在适宜的 pH 条件(酸性土壤、中性土壤用 pH=7.0)下反复处理土壤，NH_4^+ 与土壤吸收性复合体的 Ca^{2+}、Mg^{2+}、Al^{3+}等交换，瞬间形成解离度很小而稳定性大的络合物，但不会破坏土壤胶体。由于 NH_4^+ 的存在，交换性 H^+、K^+、Na^+也能交换完全，使土壤成为铵离子饱和土。然后用淋洗法或离心法将过量的乙酸铵用 95%乙醇或 99%异丙醇洗去，之后用水将土壤洗入凯氏烧瓶中，加氧化镁，用定氮蒸馏的方法进行蒸馏。蒸馏出的氨用硼酸溶液吸收，用标准酸液滴定。根据 NH_4^+ 的量计算土壤阳离子交换量。

三、实验仪器和试剂

1. 仪器

(1)电动离心机(3000~5000 r/min)。

(2)离心管(100 mL)。

(3)凯氏定氮仪。

2. 试剂

(1)1 mol/L 乙酸铵溶液:称取 77.090 g 乙酸铵(化学纯),加水稀释至 900 mL 左右,以 1∶1 氨水和稀乙酸调至 pH=7.0(用于酸性土壤和中性土壤),转移至 1000 mL 容量瓶中,定容。

(2)95%乙醇(须无铵根离子)或 99%异丙醇。

(3)20 g/L 硼酸溶液:称取 20.0 g 硼酸(化学纯),溶于近 1 L 水中。用稀盐酸或稀氢氧化钠调节至 pH=4.5,转移至 1000 mL 容量瓶中,定容。

(4)氧化镁:将氧化镁在高温电炉中经 600℃灼烧 0.5 h,冷却后储存于密闭的玻璃瓶中。

(5)0.05 mol/L 盐酸标准溶液:吸取浓盐酸 4.17 mL 稀释至 1 L,充分摇匀后用无水碳酸钠进行标定。

(6)pH=10 缓冲溶液:称取氯化铵(化学纯)33.750 g 溶于无 CO_2 水中,加浓氨水(密度 0.90 g/cm³)285 mL,用水稀释至 500 mL。

(7)K-B 指示剂:称取 0.500 g 酸性铬蓝 K 与 1.000 g 萘酚绿 B,加 100 g 于 105℃烘箱中烘干过的氯化钠,在玛瑙研钵中充分研磨混匀,越细越好,储于棕色瓶中备用。

(8)甲基红-溴甲酚绿混合指示剂:称取 0.500 g 溴甲酚绿和 0.100 g 甲基红于玛瑙研钵中,加入少量 95%乙醇,研磨至指示剂全部溶解后,加 95%乙醇至 100 mL。

(9)奈斯勒(Nessler)试剂:称取 10.000 g 碘化钾溶于 5 mL 水中,另称取 3.500 g 二氯化汞溶于 20 mL 水中(加热溶解),将二氯化汞溶液慢慢地倒入碘化钾溶液中,边加边搅拌,直至出现微红色的少量沉淀为止。然后加 70 mL 的 30%氢氧化钾溶液,并搅拌均匀,再滴加二氯化汞溶液至出现红色沉淀为止。搅匀,静置过夜,倾出清液储于棕色瓶中,放置暗处保存。

四、操作步骤

(1)称取过 2 mm 筛孔的风干土样 2.00 g(精确至 0.01 g),放入 100 mL 离心管中,加入少量乙酸铵溶液(试剂 1),用橡皮头玻璃棒搅拌样品,使其成均匀泥浆状,再加乙酸铵溶液,使其总体积达 80 mL 左右,搅拌 1~2 min,然后用乙酸铵溶液洗净橡皮头玻璃棒。

(2)将离心管成对地放在粗天平两盘上,加入乙酸铵溶液使之平衡,再对称地放入离心机中,以 3000 r/min 转速离心 3~5 min。如果不测定交换性盐基,可将离心管中上清液弃去;如需测定,则将离心后的上清液收集于 100 mL 容量瓶中。如此用乙酸铵溶液处理 3~5 次,直至最后洗出液中无钙离子反应为止(此时,土壤中的盐基离子已被完全交换下来,残留于离心管的液体中已无盐基离子)。检查钙离子时,取澄清液 20 mL 左右,放入三角瓶中,加 pH=10 缓冲溶液(试剂 6)3.5 mL,摇匀,再加数滴 K-B 指示剂(试剂 7)混合,如呈蓝色,表示无钙离子,如呈紫红色,表示有钙离子存在。确定洗出液中无钙离子后,收集的上清液最后用乙酸铵溶液定容至 100 mL 刻度,作为交换性盐基离子的待测液。

(3)向载有样品的离心管中加入少量 95%乙醇(或 99%异丙醇)(试剂 2),用橡皮头玻璃棒充分搅拌,使土壤样品呈均匀泥浆状,再加 95%乙醇约 60 mL,用橡皮头玻璃棒充分搅匀,将离心管成对地放于粗天平两盘上,加乙醇使之平衡,再对称地放入离心机中以 3000 r/min 转速离心 3~5 min,弃去乙醇清液,如此反复 3~4 次,洗至无铵根离子为止(用奈斯勒试剂检查)。

(4)向管内加入少量去离子水,用橡皮头玻璃棒将铵根离子饱和土搅拌成糊状,并无损洗入凯氏烧瓶中,洗入体积控制在 60 mL 左右。在蒸馏前加入 1.00 g 氧化镁(试剂 4),立即将凯氏烧瓶置于凯氏定氮仪上。蒸馏前先按仪器使用说明书检查定氮仪,并空蒸洗净管道。

(5)在盛有 25 mL 的硼酸溶液(试剂 3)的三角瓶内加入 2 滴甲基红-溴甲酚绿混合指示剂(试剂 8),将三角瓶置于冷凝器的承接管下,管口插入硼酸溶液中,开始蒸馏。蒸馏约 8 min 后(馏出液 30~40 mL),检查蒸馏是否完全。检查时可取下三角瓶,在冷凝器的承接管下端取 1 滴馏出液于白色瓷板上,加 1 滴奈斯勒试剂(试剂 9),如无黄色,表示蒸馏已完全,否则应继续蒸馏,直至蒸馏完全为止。

(6)蒸馏结束后,将三角瓶取下,用少量蒸馏水冲洗承接管的末端,洗液收入三角瓶内,以盐酸标准溶液滴定(试剂 5),同时做空白试验(具体颜色变化见图 4.7)。

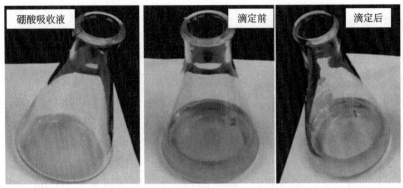

图 4.7　蒸馏滴定前后颜色变化过程

(7) 图 4.8 为土壤阳离子交换量测定步骤简图。

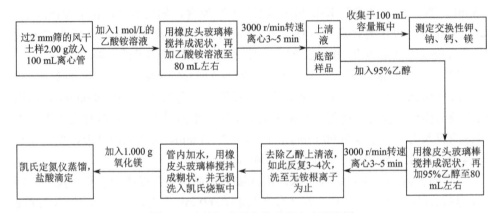

图 4.8　土壤阳离子交换量测定步骤简图

五、结果计算

$$Q_+ = c \times \frac{V - V_0}{m} \times 100$$

式中，Q_+ 为阳离子交换量(cmol/kg)；c 为盐酸标准溶液浓度(mol/L)；V 为滴定样品待测液所消耗的盐酸标准溶液量(mL)；V_0 为空白滴定消耗的盐酸标准溶液量(mL)；m 为烘干土壤样品质量(g)。重复测定结果用算术平均值表示，保留小数点后一位。

六、注意事项

(1) 蒸馏时使用氧化镁而不用氢氧化钠，因后者碱性强，能将土壤中部分有机氮水解成铵态氮，导致结果偏高。

(2)95%乙醇必须预先做铵根离子检验，严格保证无铵根离子影响。

(3)用过的乙醇可用蒸馏法回收后重复使用。

七、实验案例

表 4.4～表 4.6 为使用该方法测定的土壤阳离子交换量数据。

表 4.4　不同土地利用方式下红壤阳离子交换量的分布

土地利用方式	阳离子交换量/(cmol/kg)		
	0～10 cm	10～20 cm	20～40 cm
红壤荒坡地	14.84±1.24	14.07±0.34	13.48±0.37
红壤旱地	13.93±1.20	14.81±0.79	14.88±0.81
红壤坡地茶园	16.31±0.62	15.68±0.37	14.84±1.30
红壤坡地果园	15.30±0.82	15.79±0.94	15.72±0.30

注：数据引自范庆锋等(2014)，试验地位于江西省红壤研究所(116°20′24″E，28°15′30″N)。

表 4.5　土壤有机质含量、黏粒及阳离子交换量平均值统计

采样点	有机质/(g/kg)		黏粒/(g/kg)		阳离子交换量/(cmol/kg)	
	0～20 cm	20～40 cm	0～20 cm	20～40 cm	0～20 cm	20～40 cm
旱田土壤	17.0±7.30	9.8±5.30	195±23	208±27	14.7±2.30	14.3±1.90
设施土壤	35.6±10.90	18.0±8.60	190±39	207±30	17.9±5.50	16.4±3.80

注：数据引自黄尚书等(2016)，试验地位于沈阳市设施蔬菜种植比较集中的于洪地区。

表 4.6　准确度测试结果

土壤样品	阳离子交换量/(cmol/kg)						测定的平均值/(cmol/kg)	标准物质的推荐值/(cmol/kg)
	1	2	3	4	5	6		
ASA-6a	19.80	19.00	19.70	19.20	19.90	19.20	19.47±0.38	19.70±1.10
ASA-8	13.50	13.80	14.00	13.90	14.10	13.70	13.83±0.22	13.80±0.70
ASA-9	10.00	9.60	9.70	9.90	9.60	9.80	9.77±0.16	9.60±1.30
ASA-10	19.60	19.80	20.10	19.50	19.60	20.20	19.80±0.29	20.00±2.00

注：该结果引自肖艳霞等(2019)。其中，ASA-6a、ASA-8、ASA-9、ASA-10 分别为广东水稻土、新疆灰钙土、陕西黄绵土、安徽潮土。

思考与讨论

1. 阐述土壤阳离子交换量的测定原理与注意事项。

2. 从表 4.6 中土壤阳离子交换量准确度测试结果来看，土壤阳离子交换量的测定至少需要多次重复实验才能得到比较准确的结果，阐明原因。

第五章 土壤有机质和氮含量测定

有机质是土壤的重要组成部分，虽然它在土壤中的含量不高(通常小于 5%)，但是在供给植物养分，协调土壤水、气、热关系及维持土壤生物数量和活性等方面发挥着极其重要的作用。氮元素是生命体生存和活动所必需的元素之一，也是地球生命最主要的限制元素之一。农业生产中不合理的肥料管理方式，已经导致大量的活性氮进入水体和大气中，引发了空气污染、水污染、土壤酸化、生物多样性丧失和全球变暖等问题，所以氮的生物地球化学循环成为全球关注的热点。准确测定有机质和各种形态氮的含量是开展相关研究工作的基础。本章介绍土壤有机质和氮含量的测定方法。

第一节　土壤有机质含量

土壤有机质是指以各种形态存在于土壤中的所有有机物质，包括土壤中各种动植物残体、微生物体及其分解和合成的各种有机物质。狭义上，土壤有机质是指有机残体经微生物作用形成的一类特殊的、复杂的、性质比较稳定的高分子有机化合物，即土壤腐殖质。土壤有机质是土壤的重要组成部分，是土壤肥力的基础，其不仅能为植物和微生物提供所需养分，同时还能作为团聚体的胶结物质改善土壤物理性状，协调土壤水、气、热的关系。因此，土壤有机质含量是土壤学研究中最基础和最重要的指标之一。本节介绍土壤有机质含量的测定方法。

一、实验目的

了解土壤有机质含量的主要测定方法,掌握高温外热重铬酸钾氧化-容量法测定土壤有机质含量的操作流程与注意事项。

二、测定方法与原理

1. 测定方法

一般地，土壤有机质与土壤有机碳可以通用。土壤有机质具有数量和质量的双重意义，一般为农业工作者采用；土壤有机碳仅指数量概念，更多为全球变化研究者采用。有机质与有机碳之间存在一定的数学关系，即土壤有机碳=土壤有机质/1.724。测定土壤有机碳的方法可分为以下几种：①干烧法(高温电炉灼烧)；

②灼烧法;③高温外热重铬酸钾氧化-容量法;④元素分析仪法。每种方法都有自身的特点和使用范围(表 5.1)。本节主要介绍实验室常用的高温外热重铬酸钾氧化-容量法。

2. 方法原理

各种方法的简要原理见表 5.1。

表 5.1 土壤有机质测定方法

方法	原理	特点	适用范围
干烧法(高温电炉灼烧)	通过测定土壤有机质中的碳经高温氧化后放出的 CO_2 量,计算土壤有机质含量	该方法能使土壤有机质全部分解,还原物质对测定结果不产生影响,实验可获得准确结果,但该方法操作复杂、费时,一般用于标准方法核校时使用	不适用于含碳酸盐土壤的分析
灼烧法	通过测定土壤有机质中的碳经灼烧后造成的土壤失重,计算土壤有机质含量	该方法操作步骤简便,可直接采用未研磨过筛土壤样品进行分析,适合大批量土壤样品的测定,且测定中不会产生化学污染和放射性污染。但在测定过程中黏土矿物结构水的失重及碳酸盐的分解失重使灼烧法测定的有机质含量值比采用干烧法测定的有机质含量值高	不适用于细密质地的土壤及石灰性土壤
高温外热重铬酸钾氧化-容量法	依据氧化还原的原理,在过量硫酸存在和一定温度条件下,用氧化剂(重铬酸钾或铬酸)氧化有机碳,用标准硫酸亚铁溶液滴定剩余的氧化剂,与空白氧化剂滴定量之差计算土壤有机质消耗的氧化剂量,从而计算出土壤有机质含量	该方法的测定结果较为准确,适用于大量样品的分析,在实验室测量中较为常见	适用于实验室测定中、大量样品的有机质含量
元素分析仪法	元素分析仪的工作原理为土壤样品经高温燃烧而分解,其反应生成的气体混合物通过特殊的吸附-解吸装置被有效地分离,并根据需要进行多元素同时测定或某一元素测定。这实际上是仪器自动控制下的干烧法	该测定方法测量精度高,误差小,在测定时可选择多种模式,可同时或单独对样品中的元素进行分析,操作简单,实行软件自动控制,但是成本较高	适用于土壤中单个或多个元素的分析测定

三、实验仪器、器皿和试剂

1. 仪器与器皿

(1)冷凝器。

(2)可调温电砂浴。

(3)计时器。

(4)三角瓶。

2. 试剂

(1)0.8000 mol/L 重铬酸钾($1/6$ $K_2Cr_2O_7$)标准溶液:39.2245 g 重铬酸钾($K_2Cr_2O_7$,分析纯)加 400 mL 水,加热溶解,冷却后,用水定容至 1 L。

(2)0.2 mol/L 硫酸亚铁溶液:56.000 g 硫酸亚铁($FeSO_4 \cdot 7H_2O$,化学纯)溶于水,加 5 mL 浓 H_2SO_4,用水定容至 1 L。

(3)邻菲啰啉指示剂:1.485 g 邻菲啰啉($C_{12}H_8N_2 \cdot H_2O$)及 0.695 g 硫酸亚铁($FeSO_4 \cdot 7H_2O$)溶于 100 mL 水,储于棕色瓶中。

(4)浓硫酸(H_2SO_4,$\rho \approx 1.84$ g/cm³,分析纯)。

(5)硫酸银(Ag_2SO_4,分析纯):研成粉末。

(6)二氧化硅(SiO_2,分析纯):粉末状。

四、操作步骤

(1)土壤样品称量:称取过 0.149 mm(100 目)土壤筛的土壤样品 0.2 g 左右(精确至 0.0001 g),放入 150 mL 三角瓶中。

(2)样品消煮:在装有土壤样品的三角瓶中加粉末状硫酸银 0.1 g(试剂 5)(避免氯离子对测定的干扰作用),然后准确加入 5.00 mL 重铬酸钾($1/6$)标准溶液(试剂 1)和 5 mL 浓硫酸(试剂 4),摇匀;瓶口上装简易空气冷凝器,放在已预热到 220~230℃的电砂浴上加热,使三角瓶中的溶液微沸,当看到冷凝器下端落下第一滴冷凝液开始计时,消煮 5 min,取下三角瓶冷却片刻,用水洗冷凝器内壁及下端外壁,洗涤液收集于原三角瓶中,瓶中液体总体积应控制在 60~80 mL 为宜。

(3)滴定:在消煮后的三角瓶中,加 3~5 滴邻菲啰啉指示剂(试剂 3),用硫酸亚铁溶液(试剂 2)滴定剩余的重铬酸钾,溶液颜色由橙黄→绿→棕红为止,即为终点。

(4)空白实验:每批样品分析时必须同时做 2~3 个空白,即取 0.5 g 粉状二氧化硅(试剂 6)代替土壤样品,其他步骤与土壤样品测定相同。取测定结果平均值,作为空白氧化剂滴定量。

(5) 具体操作流程见图 5.1。

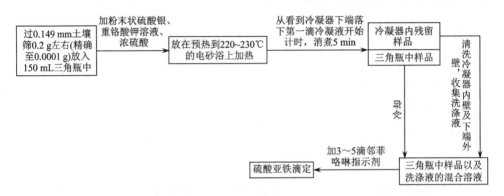

图 5.1　高温外热重铬酸钾氧化-容量法测定土壤有机质步骤简图

五、结果计算

土壤有机质含量：

$$OM = \frac{\dfrac{c \times 5}{V_0} \times (V_0 - V) \times 3 \times 10^{-3} \times 1.08 \times 1.724}{m} \times 100\%$$

式中，OM 为土壤中有机质的质量百分数(%)；c 为重铬酸钾(1/6 $K_2Cr_2O_7$)标准溶液的浓度(mol/L)；5 为加入重铬酸钾(1/6)标准溶液的体积(mL)；V_0 为空白标定用去硫酸亚铁溶液体积(mL)；V 为滴定土壤样品用去硫酸亚铁溶液体积(mL)；3 为 1/4 C 的摩尔质量(g/mol)；10^{-3} 为 mL 换算成 L 的系数；1.08 为氧化校正系数(按平均回收率 92.6%计算)；1.724 为有机碳换算成有机质的系数(按土壤有机质的平均含碳量为 58%计)；m 为风干土壤质量(g)。

六、注意事项

(1)实验允许误差：当土壤有机质含量小于 1%时，两次重复测定结果绝对差不超过 0.05%；含量为 1%～4%时，不超过 0.10%；含量为 4%～7%时，不超过 0.30%；含量在 10%以上时，不超过 0.50%。

(2)加 $K_2Cr_2O_7$ 时由于 $K_2Cr_2O_7$-H_2SO_4 混合溶液浓度大，有明显的黏滞性，故应慢慢加入并控制好各个样品间的流速，使其尽量一致，以减少误差。

(3)如果滴定所用硫酸亚铁的毫升数低于空白标定所用硫酸亚铁溶液毫升数的 1/3，应减少土壤样品称量后重测；如果滴定所用硫酸亚铁的毫升数高于空白标定所用硫酸亚铁溶液毫升数的 2/3 时，应增加土壤样品称量后重测。

(4)加热时必须在试管内溶液表面开始沸腾或有大气泡产生后,在冷凝下端落下第一滴冷凝液时才开始计时，标准必须一致、准确。

(5)若要用油浴作为加热方法，最好用石蜡或磷酸浴代替植物油，以保证结果准确，避免污染。若要用磷酸浴作为加热方法，不能用金属锅，须用玻璃容器。

七、实验案例

表 5.2 和表 5.3 分别是高温外热重铬酸钾氧化-容量法重复测定土壤有机质的结果和基于 CERN 长期观测的典型土壤类型土壤有机质含量。从表 5.2 的数据可以看出该方法的准确性。

表 5.2　高温外热重铬酸钾氧化-容量法重复测定土壤有机质的结果(邵敏, 2009)　　(单位:%)

样品编号	测定值						均值	标准差
土壤样品 1	2.04	2.02	2.00	1.97	1.98	1.93	1.99	0.04
土壤样品 2	2.99	2.94	3.03	3.05	3.02	3.04	3.01	0.04
土壤样品 3	1.99	1.90	1.96	1.94	1.92	1.82	1.92	0.06
土壤样品 4	2.00	2.01	2.01	1.96	1.99	2.08	2.01	0.04

注: 每个样品重复测定 6 次。

表 5.3　基于 CERN 长期观测的典型土壤类型土壤有机质含量

中国土壤发生分类	地点	经度	纬度	有机质/(g/kg)
干旱冲积新成土	新疆阿克苏	80°51′E	40°37′N	10.1±0.7
黄绵土	陕西安塞	109°19′23″E	36°51′30″N	10.0±0.7
风沙土	新疆策勒	80°43′45″E	37°00′57″N	5.2±1.4
水稻土	江苏常熟	120°41′53″E	31°32′56″N	40.0±5.5
黑垆土	陕西长武	107°40′E	35°12′N	14.0±1.3
灰漠土	新疆阜康	87°45′E	43°45′N	10.3±1.9
潮土	河南封丘	114°24′E	35°00′N	11.8±2.1
石灰土	广西环江	108°18′E	24°43′N	35.2±3.1
黑土	黑龙江海伦	126°55′E	47°27′N	44.8±1.8
褐土	河北栾城	114°41′E	37°53′N	18.3±2.9
潮土	西藏拉萨	91°20′37″E	29°40′40″N	22.3±3
干旱砂质新成土	甘肃临泽	100°07′E	39°21′N	7.7±1.1
风沙土	内蒙古奈曼	120°42′E	42°55′N	10.0±1.7
水稻土	江西千烟洲	115°04′13″E	26°44′48″N	21.1±3
灌淤土	宁夏沙坡头	104°57′E	37°27′N	10.1±2.1
棕壤	辽宁沈阳	123°24′E	41°31′N	19.1±1.6
水稻土	湖南桃源	111°27′E	28°55′N	24.7±3

续表

中国土壤发生分类	地点	经度	纬度	有机质/(g/kg)
潮土	山东禹城	116°22′E	36°40′N	15.0±3.2
紫色土	四川盐亭	105°27′E	31°16′N	12.1±2.8
红壤	江西鹰潭	116°55′42″E	28°12′21″N	11.3±2.8

资料来源：中国生态系统研究网络土壤分中心。

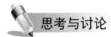 **思考与讨论**

1. 简述高温外热重铬酸钾氧化-容量法测定土壤有机质的原理和注意事项。
2. 高温外热重铬酸钾氧化-容量法测定土壤有机质的允许误差是多少？

第二节　土壤全氮分析

土壤氮可分为无机态和有机态两大类，二者之和称为土壤全氮。土壤中的氮素绝大部分以有机态存在，它的含量和分布与土壤有机质密切相关。土壤氮素总量及各种存在形态与植物生长有着密切的关系。通过测定土壤氮素的含量、形态分布，可以阐明土壤氮素的供应能力，为合理施用氮肥提供依据。本节介绍土壤全氮含量的测定方法。

一、实验目的

了解土壤全氮含量的主要测定方法，掌握凯氏法测定土壤全氮含量的操作步骤。

二、测定方法与原理

1. 测定方法

土壤全氮的测定方法主要有杜马斯法(Dumas method)和凯氏法(Kjeldahl method)两大类。

2. 方法原理

杜马斯法的定氮原理是将样品在燃烧管中高温燃烧，使被测氮元素的化合物转化为 NO_x，然后经自然铜还原和杂质(如卤素)去除过程，NO_x 被转化为 N_2，随后氮的含量被热导检测器检测。元素分析仪使用的就是杜马斯法。

凯氏法的定氮原理是利用浓硫酸及少量的混合催化剂，在强热高温处理下将土壤中的含氮化合物消煮，分解转化为铵态氮，但土壤中原有的硝态氮并没有变成铵态氮(通常含量很低)。然后用氢氧化钠碱化(pH 超过 10)，铵离子全部转变为氨气而逸出，经加热蒸馏用硼酸吸收(氨气)，再用酸标准溶液滴定，由酸标准液的消耗量计算出铵量，即土壤全氮含量(未包括硝态氮和亚硝态氮)。包括硝态氮和亚硝态氮的土壤全氮的测定方法原理：在样品消煮前，需先用高锰酸钾将样品中的亚硝态氮氧化为硝态氮，再用还原铁粉把硝态氮还原转化成铵态氮。现在用凯氏法测定土壤全氮时，消煮过程可以使用自动消解仪代替，测定过程可以使用半自动/自动定氮仪。本节主要介绍凯氏法测定土壤全氮。

三、实验仪器、器皿和试剂

1. 实验仪器与器皿

(1)天平(0.01 g 和 0.0001 g)。

(2)消煮炉。

(3)凯氏烧瓶(50 mL)。

(4)蒸馏装置。

(5)滴定装置。

2. 试剂

(1)消解加速剂：硫酸钾(K_2SO_4)、五水硫酸铜($CuSO_4 \cdot 5H_2O$)和硒粉(Se)，分别研磨成粉，以 100∶10∶1 比例充分混合均匀。

(2)浓硫酸：H_2SO_4，$\rho = 1.84$ g/mL，化学纯。

(3)10 mol/L 氢氧化钠溶液：称取 400 g 氢氧化钠放入 1 L 的烧杯中，加入 500 mL 无 CO_2 蒸馏水溶解。冷却后，用无 CO_2 蒸馏水稀释至 1 L，充分混匀，储存于塑料瓶中。

(4)0.1 mol/L 氢氧化钠溶液：称取 0.40 g 氢氧化钠溶于 50 mL 水，冷却后，定容到 100 mL。

(5)甲基红-溴甲酚绿混合指示剂：称取 0.50 g 溴甲酚绿和 0.10 g 甲基红于玛瑙研钵中研细，用少量 95%乙醇研磨至全部溶解，用 95%乙醇定容到 100 mL。此溶液的储存期不超过 2 个月。

(6)20 g/L 硼酸指示剂溶液：称取 20.0 g 硼酸，溶于 1 L 水中。使用前，每升硼酸溶液中加 5.0 mL 甲基红-溴甲酚绿混合指示剂(试剂 5)，并用 0.1 mol/L 氢氧化钠溶液(试剂 4)调节至红紫色(pH 约 4.5)。此溶液放置时间不宜超过 1 周，如在使用过程中 pH 有变化，需随时用稀酸或稀碱调节。

(7)碳酸钠标准溶液：准确称取 0.1 g 无水碳酸钠，溶于 50 mL 水中，用于标定酸标准溶液[参照《化学试剂　标准滴定溶液的制备》(GB/T 601—2016)]。

(8)0.1 mol/L 盐酸溶液(或硫酸溶液):吸取 8.4 mL 浓盐酸,用水定容到 1 L(或吸取 5.4 mL 浓硫酸,缓缓加入 200 mL 水中,冷却后,定容到 1 L)。

(9)0.02 mol/L 盐酸标准溶液:将 0.1 mol/L 的盐酸溶液准确稀释 5 倍,即获得 0.02 mol/L 的盐酸标准溶液,用碳酸钠标准溶液(试剂 7)滴定。

(10)高锰酸钾溶液:称取 25.0 g 高锰酸钾溶于 500 mL 水中,储于棕色瓶中。

(11)辛醇:$C_3(C_2H_5)C_5H_{10}OH$。

(12)还原铁粉:Fe,磨细通过孔径 0.149 mm 筛。

(13)奈斯勒试剂:称取 10.000 g 碘化钾溶于 5 mL 水中,另称取 3.500 g 二氯化汞溶于 20 mL 水中(加热溶解),将二氯化汞溶液慢慢地倒入碘化钾溶液中,边加边搅拌,直至出现微红色的少量沉淀为止。然后加 70 mL 的 30%氢氧化钾溶液,并搅拌均匀,再滴加二氯化汞溶液至出现红色沉淀为止。搅匀,静置过夜,倾出清液储于棕色瓶中,放置暗处保存。

四、操作步骤

1. 土壤样品消煮

不包括硝态氮和亚硝态氮的消煮:称取过 0.149 mm 筛的风干土壤样品 1 g(约含氮 1 mg)(精确至 0.0001 g),放入干燥的凯氏烧瓶底部(勿将样品黏附在瓶壁上),加入 2 g 消解加速剂(试剂 1),摇匀,加数滴水使样品湿润,然后加 5.0 mL 浓硫酸(试剂 2),摇匀。将凯氏烧瓶接上回流装置或插上弯颈玻璃漏斗后置于控温消煮炉上,开始用小火(200℃)徐徐加热(注意防止反应过于猛烈),待泡沫消失(温度升到 200℃开始计时,约 20 min),再提高温度至 375℃,待消煮液和土粒全部变成灰白稍带绿色后,再继续消煮 1 h 后关闭电源,冷却,待蒸馏。空白溶液的制备除不加土壤样品外,其他步骤一致(图 5.2)。

(a) 低温消化　　　　　　　　　　　(b) 高温消化

图 5.2　土壤样品消煮过程

包括硝态氮和亚硝态氮的消煮：称取过 0.149 mm 筛的风干土壤样品 1 g（含氮约 1 mg）（精确至 0.0001 g），放入干燥的凯氏烧瓶底部（勿将样品黏附在瓶壁上），加 1.0 mL 高锰酸钾溶液（试剂 10），摇动凯氏烧瓶，再缓缓加入 2.0 mL 1∶1 硫酸，不断转动凯氏烧瓶，然后放置 5 min，再加入 1 滴辛醇（试剂 11）。通过长颈漏斗将 0.50 g 还原铁粉（试剂 12）送入凯氏烧瓶底部，瓶口盖上小漏斗，转动消化管，使铁粉与酸接触，待剧烈反应停止后（约 5 min），将凯氏烧瓶置于控温消煮炉上缓缓加热 45 min（瓶内土液应保持微沸，以不引起大量水分丢失为宜）。待凯氏烧瓶冷却后，加 2.0 g 消解加速剂（试剂 1）和 5.0 mL 浓硫酸（试剂 2），摇匀。之后按不包括硝态氮和亚硝态氮的消煮的步骤，消煮至土液全部变为黄绿色，再继续消煮 1 h。消煮完毕，冷却，待蒸馏。空白溶液的制备除不加土壤样品外，其他步骤一致。

2. 蒸馏

小心地将凯氏烧瓶中的消煮液全部转移到定氮仪器的蒸馏室中，并用少量水洗涤凯氏烧瓶 4～5 次，每次 3～5 mL，总量不超过 20 mL（如果样品含氮量很高，也可以将消煮液定容至一定体积，吸取一定量的溶液进行蒸馏）。往 150 mL 三角瓶中加 10.0 mL 硼酸指示剂溶液（试剂 6），置于定氮仪冷凝器下端，管口插入硼酸溶液中。然后向蒸馏室中加入至少 25 mL 氢氧化钠溶液（试剂 3），进行蒸馏。蒸馏约 8 min 后（馏出液 30～40 mL 时）停止蒸馏，检查蒸馏是否完全。检查时可取下三角瓶，在冷凝器的承接管下端取 1 滴馏出液于白色瓷板上，加 1 滴奈斯勒试剂（试剂 13），如无黄色，表示蒸馏已完全，否则应继续蒸馏，直至蒸馏完全为止（图 5.3）。

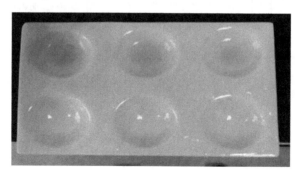

图 5.3　奈斯勒试剂检查

3. 滴定

用 0.02 mol/L 盐酸或硫酸标准溶液滴定馏出液，由蓝绿色刚变为紫红色且 30 s 不褪色时为终点。记录所用酸标准溶液的体积（mL）（图 5.4）。

| (a) 硼酸吸收液 | (b) 滴定前 | (c) 滴定后 |

图 5.4　滴定馏出液

4. 流程

土壤全氮测定流程图见图 5.5。

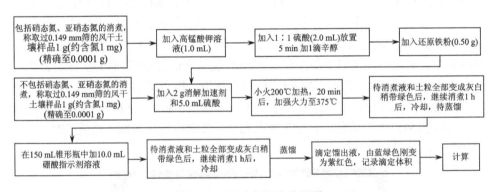

图 5.5　土壤全氮测定流程图

五、结果计算

用凯氏法测定全氮含量计算公式：

$$\omega(N) = \frac{c \times (V - V_0) \times 14}{m}$$

式中，$\omega(N)$ 为全氮含量（g/kg）；V 为滴定样品溶液所用盐酸标准溶液的体积（mL）；V_0 为滴定空白溶液所用盐酸标准溶液的体积（mL）；c 为盐酸标准溶液的浓度（mol/L）；14 为氮原子的摩尔质量（g/mol）；m 为土壤样品质量（干重，g）。

六、注意事项

(1)样品中硝态氮或亚硝态氮含量较高时(如菜园土往往有较高的硝态氮含量),要进行预先处理。先把样品中的硝态氮和亚硝态氮还原成铵态氮,然后再消煮。

(2)消煮开始时温度不宜太高,约 20 min 以后可以逐渐升高温度。待溶液变成浅绿色,没有黑色碳粒时,再消煮 1 h。

(3)在消煮过程中须经常转动凯氏烧瓶,使喷溅在瓶壁上的土粒及早回流到酸液中,特别是黏质土壤,喷溅现象比较严重,更应注意。

(4)混合指示剂最好在使用前再与硼酸溶液混合,混合过久可能出现滴定终点不灵敏的现象。

(5)土壤样品需研磨过 100 目(0.149 mm)筛,特别是含氮量低的土壤。土壤氮含量<0.1%,称样量 1 g 左右;氮含量在 0.1%~0.2%时,称样量在 0.5~1 g;氮含量>0.2%,称样量<0.5 g(精确至 0.0001 g)。

七、实验案例

表 5.4 展示了基于 CERN 长期观测的典型土壤类型土壤全氮含量。

表 5.4　基于 CERN 长期观测的典型土壤类型土壤全氮含量

中国土壤发生分类	地点	经度	纬度	全氮/(g/kg)
干旱冲积新成土	新疆阿克苏	80°51′E	40°37′N	0.61±0.11
黄绵土	陕西安塞	109°19′23″E	36°51′30″N	0.61±0.03
风沙土	新疆策勒	80°43′45″E	37°00′57″N	0.37±0.11
水稻土	江苏常熟	120°41′53″E	31°32′56″N	2.36±0.29
黑垆土	陕西长武	107°40′E	35°12′N	0.95±0.07
灰漠土	新疆阜康	87°45′E	43°45′N	0.57±0.14
潮土	河南封丘	114°24′E	35°00′N	0.72±0.14
石灰土	广西环江	108°18′E	24°43′N	1.82±0.27
黑土	黑龙江海伦	126°55′E	47°27′N	2.24±0.14
褐土	河北栾城	114°41′E	37°53′N	1.2±0.17
潮土	西藏拉萨	91°20′37″E	29°40′40″N	1.38±0.19
干旱砂质新成土	甘肃临泽	100°07′E	39°21′N	0.5±0.08
风沙土	内蒙古奈曼	120°42′E	42°55′N	0.64±0.13
水稻土	江西千烟洲	115°04′13″E	26°44′48″N	1.21±0.15
灌淤土	宁夏沙坡头	104°57′E	37°27′N	0.62±0.1

续表

中国土壤发生分类	地点	经度	纬度	全氮/(g/kg)
棕壤	辽宁沈阳	123°24′E	41°31′N	0.94±0.16
水稻土	湖南桃源	111°27′E	28°55′N	1.46±0.26
潮土	山东禹城	116°22′E	36°40′N	0.95±0.17
紫色土	四川盐亭	105°27′E	31°16′N	0.89±0.18
红壤	江西鹰潭	116°55′42″E	28°12′21″N	0.74±0.17

资料来源：中国生态系统研究网络土壤分中心。

思考与讨论

1. 简述凯氏法测定土壤全氮的原理。

2. 设施菜地土壤硝态氮含量通常较高(可高达几百 mg N/kg)。谈谈使用凯氏法测定设施菜地土壤全氮的消煮流程。

3. 简述凯氏法测定土壤全氮的注意事项。

第三节　土壤水解性氮测定

土壤水解性氮也称土壤有效性氮，它包括无机态氮和部分易分解的、比较简单的有机态氮，是铵态氮、硝态氮、氨基酸、酰胺和易水解的蛋白质氮的总和。这部分氮素能反映出土壤有效氮素的供应情况。本节介绍土壤水解性氮的测定方法。

一、实验目的

掌握土壤水解性氮(有效氮)的测定方法原理、操作步骤和注意事项。

二、测定方法与原理

1. 测定方法

碱解扩散法是测定土壤水解性氮的常用方法，该方法测定结果与作物生长有一定的相关性，且操作简便，结果的再现性好。

2. 方法原理

在扩散皿中，土壤在碱性和硫酸亚铁存在的条件下进行水解还原，使易水解态氮和硝态氮转化为氨，并不断地扩散逸出，被硼酸溶液吸收。硼酸溶液吸收的氨用标准酸滴定，再计算出水解性氮的含量。

　　因旱地土壤中硝态氮含量较高，需加硫酸亚铁和锌粉使其还原成铵态氮，由于硫酸亚铁本身会中和部分氢氧化钠，故需提高加入碱的浓度(推荐加 1.8 mol/L 氢氧化钠溶液)。水稻土壤中硝态氮极微，可省去加入硫酸亚铁的步骤，直接用 1.2 mol/L 氢氧化钠溶液水解。

三、实验仪器、器皿和试剂

1. 主要仪器和器皿

(1)半微量滴定管(1～3 mL)。

(2)扩散皿。

(3)恒温箱。

2. 试剂

(1)1.8 mol/L 氢氧化钠溶液：称取 72.0 g 氢氧化钠(NaOH，化学纯)溶于水，冷却后，定容至 1 L。

(2)1.2 mol/L 氢氧化钠溶液：称取 48.0 g 氢氧化钠溶于水，冷却后，定容至 1 L。

(3)锌-硫酸亚铁还原剂：称取磨细并通过 0.25 mm 筛孔的硫酸亚铁 50 g 和 10 g 锌粉混匀，存于棕色瓶中。

(4)碱性胶液：称取 40 g 阿拉伯胶放入烧杯，加 50 mL 水，加热至 $60\sim70℃$，搅拌促溶。冷却约 1 h 后，加入 40 mL 甘油和 20 mL 饱和碳酸钾水溶液，搅匀，冷却，离心除去泡沫和不溶物，将清液储存于玻璃瓶中备用(最好放置于盛有浓硫酸的干燥器中以除去氨)。

(5)甲基红-溴甲酚绿混合指示剂：取 0.50 g 溴甲酚绿和 0.10 g 甲基红于玛瑙研钵中，加入少量95%乙醇，研磨至指示剂全部溶解，然后转移至 100 mL 容量瓶中，并用 95%乙醇定容。

(6)20 g/L 硼酸指示剂溶液：20 g 硼酸溶于 1 L 水中。每升硼酸溶液中加入甲基红-溴甲酚绿混合指示剂(试剂 5)5.0 mL，并用稀酸或稀碱调节至紫红色(葡萄酒色)，此时该溶液的 pH 为 4.5。此液放置时间不宜超过 1 周，如在使用过程中 pH 有变化，需随时用稀酸或稀碱调节。

(7)0.1 mol/L 盐酸溶液(或硫酸溶液)：吸取 8.4 mL 浓盐酸，用水定容到 1 L (或吸取 5.4 mL 浓硫酸，缓缓加入 200 mL 水中，冷却后，定容到 1 L)。

(8)0.01 mol/L 盐酸标准溶液：将 0.1 mol/L 的盐酸溶液(试剂 7)准确稀释 10 倍，即获得 0.01 mol/L 的盐酸标准溶液，用碳酸钠标准溶液标定。

四、操作步骤

(1)称取通过 2 mm 筛的风干土壤样品 1～2 g(精确至 0.01 g),均匀地平铺于扩散皿外室,在土壤样品中加 1 g 锌-硫酸亚铁还原剂(试剂 3)平铺在土壤样品上,混匀(如果已知土壤的硝态氮含量低,则可以省去此步骤)。

(2)在扩散皿内室中加入 3.0 mL 硼酸指示剂溶液(试剂 6)(图 5.6)。在扩散皿外室边缘上方涂碱性胶液(试剂 4),盖上毛玻璃并旋转数次,使毛玻璃与扩散皿完全黏合。然后慢慢转开毛玻璃的一边,使扩散皿外室露出一条狭缝,迅速加入 10.0 mL 1.8 mol/L 氢氧化钠溶液(试剂 1)。如未添加硫酸亚铁,则可以直接用 1.2 mol/L 氢氧化钠溶液(试剂 2),并立即盖严。

(a) 扩散皿　　　　　　　　(b) 加入样品和还原剂　　　　　　　(c) 混合均匀

(d) 加硼酸后涂胶　　　　　　(e) 加入氢氧化钠　　　　　　　(f) 培养后

图 5.6　土壤水解性氮测定操作过程图

(3)小心地用两根橡皮筋交叉十字形圈紧,使毛玻璃固定。水平地轻轻旋转扩散皿,使氢氧化钠溶液与土壤充分混匀(注意勿使外室碱液混入内室)。随后放入恒温箱中,在(40±1)℃温度条件下放置 24 h 后取出(在此期间应摇动数次以加速扩散吸收)。

(4)用 0.01 mol/L 盐酸标准溶液(试剂 8)滴定内室硼酸溶液中吸收的氨量,溶液颜色由蓝变微红色,即达终点。滴定时应用玻璃棒搅动室内溶液,不宜摇动扩散皿，以免溢出。

(5)在样品测定的同时进行试剂空白的测定。

(6)土壤水解性氮测定流程图见图 5.7。

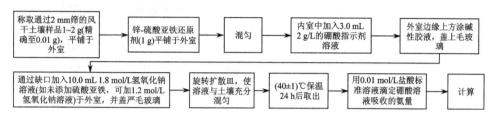

图 5.7 土壤水解性氮测定流程图

五、结果计算

$$\omega(N) = \frac{c \times (V - V_0) \times 14}{m} \times 1000$$

式中，$\omega(N)$ 为水解性氮含量(mg/kg)；V 为滴定样品溶液所用盐酸标准溶液的体积(mL)；V_0 为滴定空白溶液所用盐酸标准溶液的体积(mL)；c 为盐酸标准溶液的浓度(mol/L)；14 为氮原子的摩尔质量(g/mol)；m 为土壤样品质量(干重，g)。

六、注意事项

(1)扩散皿使用前必须彻底清洗。利用软刷去除残余物后，冲洗，先后浸泡于软性清洁剂及稀盐酸中，然后用自来水充分冲洗，最后用蒸馏水冲洗。

(2)由于碱性胶液的碱性很强，在涂胶和洗涤扩散皿时必须小心谨慎，防止污染内室。

(3)在扩散过程中，扩散皿必须盖严，不能漏气。使用前，最好将扩散皿与毛玻璃盖检查一遍，排除有破损或两者不匹配的情况。

(4)滴定时要用小玻璃棒小心搅拌吸收液，切不可摇动扩散皿，以免溢出；接近终点时可用细玻璃棒蘸取滴定管尖端的标准酸溶液，以防滴过终点。

(5)为了避免污染，滴定时不要一次性将所有毛玻璃盖全部打开，而是打开一个，马上滴定。

七、实验案例

表 5.5 展示了基于 CERN 长期观测的典型土壤类型土壤水解性氮(碱解扩散法)含量。

表 5.5　基于 CERN 长期观测的典型土壤类型土壤水解性氮(碱解扩散法)含量

中国土壤发生分类	地点	经度	纬度	水解性氮/(mg/kg)
干旱冲积新成土	新疆阿克苏	80°51′E	40°37′N	41±21
黄绵土	陕西安塞	109°19′23″E	36°51′30″N	43±7
风沙土	新疆策勒	80°43′45″E	37°00′57″N	26±8
水稻土	江苏常熟	120°41′53″E	31°32′56″N	203±44
黑垆土	陕西长武	107°40′E	35°12′N	69±10
灰漠土	新疆阜康	87°45′E	43°45′N	48±15
潮土	河南封丘	114°24′E	35°00′N	61±12
石灰土	广西环江	108°18′E	24°43′N	128±22
黑土	黑龙江海伦	126°55′E	47°27′N	196±34
褐土	河北栾城	114°41′E	37°53′N	105±22
潮土	西藏拉萨	91°20′37″E	29°40′40″N	98±20
干旱砂质新成土	甘肃临泽	100°07′E	39°21′N	30±6
风沙土	内蒙古奈曼	120°42′E	42°55′N	38±9
水稻土	江西千烟洲	115°04′13″E	26°44′48″N	117±21
灌淤土	宁夏沙坡头	104°57′E	37°27′N	24±7
棕壤	辽宁沈阳	123°24′E	41°31′N	103±16
水稻土	湖南桃源	111°27′E	28°55′N	139±40
潮土	山东禹城	116°22′E	36°40′N	101±27
紫色土	四川盐亭	105°27′E	31°16′N	60±15
红壤	江西鹰潭	116°55′42″E	28°12′21″N	59±13

资料来源：中国生态系统研究网络土壤分中心。

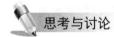 思考与讨论

1. 简述碱解扩散法测定土壤有效氮的原理。
2. 简述碱解扩散法的注意事项。

第四节　土壤铵态氮测定

土壤铵态氮通常指土壤中交换性铵和土壤溶液中游离铵的总和。土壤中被土壤胶体吸附的铵态氮称为交换性铵。交换性铵和土壤溶液中游离铵的生物有效性高，在短时间内可被植物吸收利用。土壤中还有一种固定在矿物晶格内的固定态铵，很难被植物吸收。本节介绍土壤铵态氮的测定方法。

一、实验目的

了解土壤铵态氮的主要测定方法，掌握氯化钾溶液提取土壤中铵态氮的操作步骤，以及靛酚蓝比色法的原理和操作步骤。

二、测定方法与原理

1. 测定方法

测定土壤铵态氮的方法主要有直接蒸馏法和浸提法两类。

2. 方法原理

直接蒸馏法是在氧化镁存在下直接蒸馏土壤，但在弱碱条件下蒸馏时仍可能使一些简单的有机氮微弱水解成 NH_3 蒸出，易使结果偏高。

目前一般多利用氯化钾溶液提取土壤中的铵态氮。中性盐溶液与土壤混合、振荡，能将土壤吸附的铵态氮交换浸出，其中也包括水溶态。过滤后得到的滤液可以进行各种形态氮的测定。提取液中的铵态氮可用蒸馏法测定，也可用比色法测定。比色法有多种，本节介绍靛酚蓝比色法。靛酚蓝比色法的灵敏度高，准确度也较高。连续流动分析仪也是运用此原理测定大批量样品的铵态氮浓度的。

靛酚蓝比色法的原理是土壤提取液中的铵态氮在强碱性介质中与次氯酸盐和苯酚发生作用，生成水溶性染料靛酚蓝，溶液的蓝色很稳定，在铵态氮浓度为 $0.05\sim0.5$ mg/L 范围内，其颜色深浅与铵态氮浓度成正比。反应体系的 pH 应为 $10.5\sim11.7$。在 20℃ 左右时一般须放置 1 h 后才能进行比色，生成的蓝色很稳定，24 h 内无显著变化。

三、实验仪器、器皿和试剂

1. 仪器与器皿

(1)分光光度计。
(2)往复式振荡机。
(3)玻璃器皿。

2. 试剂

(1)酚溶液：称取 10 g 苯酚（C_6H_5OH，分析纯）和 100 mg 硝基铁氰化钠 [$Na_2Fe(CN)_5NO \cdot 2H_2O$] 溶于水中，定容至 1 L。此试剂不稳定，须储于棕色瓶并存放在 4℃ 冰箱中，使用时须温热至室温。注意硝基铁氰化钠有剧毒！

(2) 次氯酸钠碱性溶液：取 10 g 氢氧化钠(NaOH，分析纯)、7.06 g 磷酸氢二钠(Na$_2$HPO$_4$·7H$_2$O，分析纯)、31.8 g 磷酸钠(Na$_3$PO$_4$·12H$_2$O，分析纯)和 10 mL 浓度为 52.5 g/L 的次氯酸钠(NaClO，化学纯)溶于水中，定容至 1 L。保存方法同酚溶液(试剂 1)。

(3) 掩蔽剂：400 g/L 酒石酸钾钠(NaKC$_4$H$_4$O$_6$·4H$_2$O，分析纯)溶液与 100 g/L 乙二胺四乙酸(EDTA)二钠盐溶液等体积混合。每 100 mL 混合液中加 0.5 mL 10 mol/L 氢氧化钠溶液，即可得到清亮的掩蔽剂溶液。

(4) 100 mg/L 铵态氮(NH$_4^+$-N)储存溶液：称取 0.4717 g 干燥的硫酸铵[(NH$_4$)$_2$SO$_4$，分析纯]溶于水中，定容至 1 L。

(5) 5 mg/L 铵态氮(NH$_4^+$-N)标准溶液：用超纯水将 100 mg/L 的铵态氮储存溶液准确稀释 20 倍，配制成 5 mg/L 铵态氮标准溶液备用。

(6) 1 mol/L 氯化钾溶液：称取 74.550 g 氯化钾(KCl，分析纯)溶于水中，稀释至 1 L。

四、操作步骤

(1) 浸提：称取相当于 20.00 g 干土重的新鲜土壤样品(过 2 mm 筛)，置于 250 mL 三角瓶中，加入 1 mol/L 氯化钾溶液(试剂 6) 100 mL(液土比，5:1)，塞紧塞子，在振荡机上以 250 r/min 振荡 1 h。用滤纸过滤悬浊液，将滤液储存在冰箱中备用。

(2) 工作曲线绘制：分别吸取铵态氮标准溶液(试剂 5) 0 mL、0.50 mL、1.00 mL、2.00 mL、3.00 mL、4.00 mL、5.00 mL 放入 50 mL 容量瓶中，各加 1 mol/L 氯化钾溶液(试剂 6) 10 mL，然后用蒸馏水稀释至约 30 mL，依次加入 5 mL 酚溶液(试剂 1)和 5 mL 次氯酸钠碱性溶液(试剂 2)，摇匀，在 20℃左右室温下放置 1 h 后，加入 1 mL 掩蔽剂(试剂 3)以溶解可能生成的沉淀物，然后用蒸馏水定容，摇匀。用 1 cm 比色皿在分光光度计上的 625 nm 波长处进行比色，绘制工作曲线。各容量瓶标准液的浓度相应地为铵态氮 0 mg/L、0.05 mg/L、0.1 mg/L、0.2 mg/L、0.3 mg/L、0.4 mg/L、0.5 mg/L。

(3) 样品比色：吸取土壤浸提溶液 2.0～10.0 mL(含 NH$_4^+$-N 2～25 μg)，放入 50 mL 容量瓶中，用氯化钾浸提剂补足至总体积为 10 mL，然后用蒸馏水稀释至 30 mL，依次加入 5 mL 酚溶液和 5 mL 次氯酸钠碱性溶液，摇匀，在 20℃左右室温下放置 1 h 后，加入 1 mL 掩蔽剂以溶解可能生成的沉淀物，然后用蒸馏水定容，摇匀。用 1 cm 比色皿在分光光度计上的 625 nm 波长处进行比色，测定吸收值，依据标准曲线计算显色溶液含铵态氮浓度。

(4) 土壤铵态氮分析流程图如图 5.8 所示。

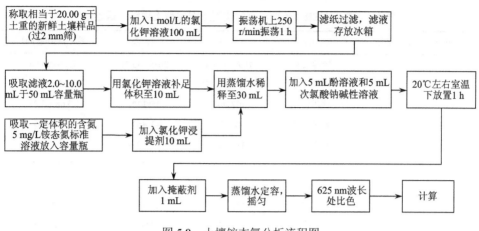

图 5.8 土壤铵态氮分析流程图

五、结果计算

$$\omega(\mathrm{N}) = \frac{\rho \times V \times t_s \times 10^{-3}}{m} \times 1000$$

式中，$\omega(\mathrm{N})$ 为铵态氮（$\mathrm{NH_4^+}$-N）的质量分数（mg/kg）；ρ 为从工作曲线中获得的显色液中铵态氮的浓度（mg/L）；V 为显色液定容体积（mL）；t_s 为分取倍数[t_s=(浸提液体积+新鲜土壤含水体积)/吸取体积]；10^{-3} 为 mL 换算成 L 的系数；1000 为换算成每千克土含量系数；m 为土壤样品质量(烘干重，g)。

六、注意事项

(1)掩蔽剂在显色后加入。加入过早会使显色反应很慢，蓝色偏弱；加入过晚，则生成的氢氧化物沉淀可能老化而不易溶解。在 20℃左右放置 1 h 即可加掩蔽剂。

(2)土壤中的铵态氮含量会受保存时间、水分含量、温度等因素的影响，一般用新鲜土壤样品提取、测定。在田间采集土壤样品后应将样品立即放入冰盒中，低温保存。带回实验室后应尽快(立即)提取、测定。

(3)土壤溶液中的金属离子如 $\mathrm{Ca^{2+}}$、$\mathrm{Mg^{2+}}$、$\mathrm{Fe^{3+}}$、$\mathrm{Cu^{2+}}$ 等会干扰测定，可用 EDTA 等螯合剂掩蔽。

七、实验案例

表 5.6 展示了基于 CERN 长期观测的典型土壤类型土壤铵态氮含量。

表 5.6　基于 CERN 长期观测的典型土壤类型土壤铵态氮含量

中国土壤发生分类	地点	经度	纬度	铵态氮/(mg/kg)
黄绵土	陕西安塞	109°19′23″E	36°51′30″N	11.01±3.93
水稻土	江苏常熟	120°41′53″E	31°32′56″N	4.05±3.87
黑垆土	陕西长武	107°40′E	35°12′N	13.68±3.24
灰漠土	新疆阜康	87°45′E	43°45′N	2.7±0.05
潮土	河南封丘	114°24′E	35°00′N	8.42±7.56
褐土	河北栾城	114°41′E	37°53′N	2.72±4.84
灌淤土	宁夏沙坡头	104°57′E	37°27′N	2.84±2.44
棕壤	辽宁沈阳	123°24′E	41°31′N	3.86±1.23
水稻土	湖南桃源	111°27′E	28°55′N	3.8±2.48
潮土	山东禹城	116°22′E	36°40′N	1.73±1.37
紫色土	四川盐亭	105°27′E	31°16′N	4.97±0.4
红壤	江西鹰潭	116°55′42″E	28°12′21″N	4.92±3.14

　　资料来源：中国生态系统研究网络土壤分中心。土壤铵态氮含量受施肥等农艺措施与氮素转化的影响，因此空间与时间变异度均比较大。

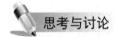
思考与讨论

1. 简述靛酚蓝比色法测定土壤铵态氮含量的原理。
2. 简述靛酚蓝比色法测定土壤铵态氮含量的流程与注意事项。

第五节　土壤硝态氮和亚硝态氮测定

　　硝态氮是中性、碱性旱地土壤中主要的无机氮形态。通常情况下，土壤中硝态氮含量约为 0.5～50 mg/kg。亚硝态氮在土壤中含量很低，一般为 1 mg/kg 以下。土壤对硝态氮的吸附能力很弱，易发生淋失或径流损失，导致地表水和地下水水体污染。所以，对土壤硝态氮动态特征及其影响因素的研究一直是土壤氮循环的热点。本节介绍土壤硝态氮和亚硝态氮的测定方法。

一、实验目的

　　了解测定土壤硝态氮浓度的主要方法，掌握镀铜镉还原-重氮偶合比色法测定土壤硝态氮浓度的操作步骤和注意事项。

二、测定方法与原理

1. 测定方法

测定硝态氮浓度的方法较多，经典的方法包括还原蒸馏法、酚二磺酸比色法、镀铜镉还原-重氮偶合比色法(简称镉还原法)。目前，以镉还原法使用较广泛，连续流动分析仪也是运用此原理测定大批量样品的硝态氮浓度。

2. 镉还原法原理

利用镀铜镉柱将硝态氮还原为亚硝态氮，再测定形成的亚硝态氮浓度。此方法简单而不受土壤提取物中一般成分的干扰，而且灵敏性高，重复性好。

在分析过程中，土壤提取液中的硝态氮，以氯化铵溶液(pH=5～10)为基质，通过镀铜镉柱还原成亚硝态氮,它与重氮化试剂和偶合试剂形成红色的偶氮色基，红色强度与硝态氮含量成正比。本方法测定的结果是硝态氮和亚硝态氮的总和，适用于含亚硝态氮较低的旱地土壤。如果需要单独测定土壤亚硝态氮则省去还原步骤即可。

三、实验仪器、器皿和试剂

1. 仪器与器皿

(1)还原柱：主要包括带毛细管的储液漏斗、连接塞、镉柱和镉柱玻璃管，还原柱下端装有活塞，活塞的下部玻璃管用橡胶管连在橡皮塞(能塞 100 mL 容量瓶口，具有两孔，插入两个细玻璃管)的一个细玻璃管上。橡皮塞的另一根细玻璃管与流量控制器和真空源相连(还原柱有商品化产品可购买)(图 5.9)。

(2)分光光度计：配置直径为 1 cm 的比色皿。

2. 试剂

(1)1 mol/L 氯化钾溶液：称取 74.550 g 氯化钾(KCl，分析纯)溶于水中，稀释至 1 L。

(2)浓氯化铵溶液：称取 100 g 氯化铵(NH_4Cl，分析纯)溶于水中，稀释至 500 mL。

(3)稀氯化铵溶液：吸取 50 mL 浓氯化铵溶液用去离子水稀释至 2 L。

(4) 重氮化试剂：称取 0.5 g 磺胺($C_6H_8N_2O_2S$)溶于 100 mL 盐酸溶液 $[c(HCl)=2.4\ mol/L]$中，储存于 4℃冰箱中。

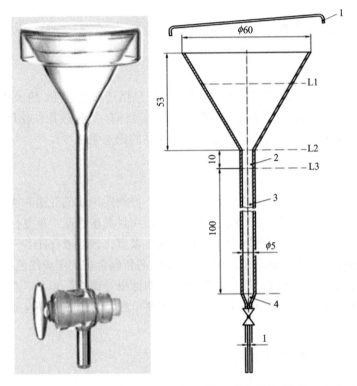

图 5.9 硝酸盐还原为亚硝酸盐的还原柱及其结构图(单位：mm)

1. 盖子；2. 由玻璃棉制成的塞子；3. 粗镉粒；4. 由玻璃棉制成的塞子

(5) 偶合试剂：称取 0.3 g N-1-萘基-乙二胺二盐酸盐($C_{12}H_{14}N_2 \cdot 2HCl$，分析纯)溶于 100 mL 盐酸溶液[$c(HCl)$=0.12 mol/L]中，储于棕色瓶中，存放于冰箱。

(6) 2.00 mg/L 硝态氮(NO_3^--N)标准溶液：先配制 50.00 mg/L 硝态氮溶液，称取 0.3609 g 硝酸钾(KNO_3，分析纯)溶于去离子水中，洗入容量瓶后定容至 1 L，储于冰箱中。使用前用氯化钾溶液(试剂 1)稀释 25 倍，配制成 2.00 mg/L 硝态氮(NO_3^--N)标准溶液。

(7) 镀铜镉试剂：称取 50 g 镉粒(Cd，不大于 1 mm×2 mm 金属粗粉或颗粒，分析纯)，将其在 250 mL 盐酸溶液[$c(HCl)$=6 mol/L]中浸泡 1 min，弃去盐酸。用去离子水充分洗涤镉粒，然后用 250 mL 硫酸铜溶液[$\rho(CuSO_4 \cdot 5H_2O)$=20 g/L]浸泡，用玻璃棒搅拌，倒去溶液。再用去离子水洗涤和硫酸铜溶液浸泡一次，最后用去离子水洗涤至洗涤液的蓝色和浅灰色消失为止。如果已制备的镉粒不需要立即填充入柱，可将其干燥储存。

四、操作步骤

（1）浸提：操作同本章第四节。

（2）制备镀铜镉还原柱：将玻璃棉放入还原柱的下端（活塞之上），注入稀氯化铵溶液（试剂3），达到水平位L1，再倒入镀铜镉颗粒，直到达到水平位L3，其高度为8～10 cm。轻拍柱子以稳定镉粒，除去镀铜的镉柱中所有的气泡之后，在还原柱的顶部用1 cm高的玻璃棉覆盖。排出剩余的氯化铵溶液，然后用10倍于镀铜镉的柱孔隙体积量的稀氯化铵溶液，以大约8 mL/min的流速洗还原柱。如果还原柱在1 h内不使用，须向其中倒入稀氯化铵溶液，直到达到水平位L1。排出约2 mL，然后关闭活塞。在漏斗的表面放置一个盖子，以避免蒸发并防尘。这样，还原柱可保存数周。

（3）硝酸根还原为亚硝酸根：将柱中的稀氯化铵溶液排去一部分，使液面与镀铜的镉柱表面相平。吸取1 mL浓氯化铵溶液（试剂2）于柱表面，加入2～5 mL土壤提取液（其含量应低于20 μg NO$_3^-$-N）。将橡皮塞塞进100 mL容量瓶，开启活塞，使土壤提取液进入还原柱中，再加入75 mL稀氯化铵溶液，调节减压装置和活塞开关位置，使其以110 mL/min的流速通过还原柱。全部流出液收集在100 mL容量瓶中。当液面降到镀铜的镉柱表面时，关闭活塞，进行下一样品的还原。

（4）比色：加入2 mL重氮化试剂（试剂4）于上述容量瓶中，混合，5 min后加入2 mL偶合试剂（试剂5），混合，稀释定容至100 mL刻度。20 min后用1 cm比色皿于分光光度计540 nm波长处比色，以试剂空白为对照，测定样品溶液的吸光度。

（5）工作曲线：吸取0.00 mL、2.00 mL、4.00 mL、6.00 mL、8.00 mL、10.00 mL NO$_3^-$-N标准溶液（试剂6）分别加入还原柱中，按步骤（3）和步骤（4）进行还原和比色测定。

（6）具体操作流程图见图5.10。

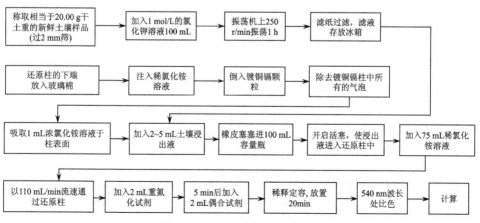

图5.10　土壤硝态氮分析流程图

五、结果计算

$$\omega(\text{N}) = \frac{\rho \times V \times t_s \times 10^{-3}}{m} \times 1000$$

式中，$\omega(\text{N})$ 为硝态氮（$NO_3^- $-N）的质量分数（mg/kg）；$\rho$ 为从工作曲线中获得的显色液中硝态氮的浓度（mg/L）；V 为显色液定容体积（mL）；t_s 为分取倍数[t_s=(浸提液体积+新鲜土壤含水体积)/吸取体积]；10^{-3} 为 mL 换算成 L 的系数；1000 为换算成每千克土含量系数；m 为土壤样品质量(烘干重，g)。

六、注意事项

(1)对镀铜镉还原柱的正确维护是获得准确分析结果的关键。因此，不使用还原柱时，镀铜镉填料上一定要有保护液层，否则金属与空气接触后，柱中的空气泡会干扰硝态氮的还原。若发生这种情况，需将还原柱重新处理后才能使用。

(2)用镀铜镉还原柱测定数百个样品后，其还原硝态氮的能力会降低。当硝态氮标准样经还原柱还原显色的吸光度明显低于同浓度的亚硝态氮标准样时，应将柱中金属移出，重新制备镀铜镉试剂。

(3)控制柱中的流速十分重要，流速太慢（<8 mL/min）会导致 $NO_3^- $-N 进一步还原，流速太快（>110 mL/min）则不能使 $NO_3^- $-N 完全还原。

(4)用本法测出的结果是硝态氮和亚硝态氮的总量，要获得硝态氮含量，需从总量中扣除亚硝态氮的含量。土壤提取液中亚硝态氮的测定可直接按操作步骤(4)进行(不经还原柱处理)，同时配制和测定亚硝态氮标准溶液，制作亚硝态氮标准曲线。

(5)如果待测样品很多，可用多个还原柱同时进行，但它们的还原能力应一致，可用硝态氮标准溶液加以检查。

(6)土壤中的硝态氮和亚硝态氮含量会受保存时间、水分含量、温度等因素的影响，一般用新鲜土壤样品提取、测定。在田间采集土壤样品后应将样品立即放入冰盒中，低温保存。带回实验室后应尽快(立即)提取、测定。

七、亚硝态氮浓度测定

土壤提取液中亚硝态氮的测定可直接按操作步骤(4)进行。准确测定土壤亚硝态氮含量的关键在于土壤提取过程。使用 1～2 mol/L KCl 溶液提取土壤无机氮是一种普遍使用的方法，但是亚硝态氮在酸性条件下极为不稳定，导致在使用盐溶液提取酸性土壤亚硝态氮时，回收率极低，甚至只有 21%～65%。用碱溶液(如KOH)提高土壤/KCl 悬浮液的 pH 是一种提高亚硝态氮回收率的方法，但是由于土壤具有较强的酸碱缓冲能力，振荡过程中提取液的 pH 仍会明显下降。当前最有效的方法是在 KCl 溶液中加入碱性 pH 缓冲溶液，再提取土壤亚硝态氮。对于酸性土壤(pH<6.0),使用 KCl 溶液和 pH=8.4 的缓冲液混合溶液(KCl 溶液/缓冲液比,4∶1)作为提取液(液土比,5∶1),振荡时间为 30 min。对于 pH 在 6.0~7.5 的土壤样品,可以直接使用 1 mol/L 或 2 mol/L KCl 溶液提取。对于 pH 在 7.5 以上的土壤样品,使用 KCl 溶液和 pH=7.5 的缓冲液混合溶液(KCl 溶液/缓冲液比,4∶1)作为提取液(液土比,5∶1)。这样能同时保证土壤铵态氮、硝态氮和亚硝态氮的提取效率。

pH 缓冲溶液配制:先配制 0.067 mol/L 的磷酸二氢钾溶液和磷酸氢二钠溶液,按不同比例混合,即可配制成不同 pH 的磷酸盐缓冲溶液。

(1) 0.067 mol/L 的磷酸二氢钾溶液:称取磷酸二氢钾(KH_2PO_4,分析纯)9.08 g,用蒸馏水溶解,定容至 1 L。

(2) 0.067 mol/L 的磷酸氢二钠溶液:称取无水磷酸氢二钠(Na_2HPO_4,分析纯)9.47 g(或者 $Na_2HPO_4 \cdot 2H_2O$ 11.87 g),用蒸馏水溶解,定容至 1 L。

(3) pH 为 7.5 和 8.4 的磷酸盐缓冲溶液:84.1 mL 磷酸氢二钠溶液与 15.9 mL 磷酸二氢钾溶液混合可得 pH=7.5 的磷酸盐缓冲溶液;98.0 mL 磷酸氢二钠溶液与 2.0 mL 磷酸二氢钾溶液混合可得 pH=8.4 的磷酸盐缓冲溶液。

八、实验案例

表 5.7 展示了基于 CERN 长期观测的典型土壤类型土壤硝态氮含量。

表 5.7 基于 CERN 长期观测的典型土壤类型土壤硝态氮含量

中国土壤发生分类	地点	经度	纬度	硝态氮/(mg/kg)
黄绵土	陕西安塞	109°19′23″E	36°51′30″N	6.12±1.64
水稻土	江苏常熟	120°41′53″E	31°32′56″N	7.76±7.44
黑垆土	陕西长武	107°40′E	35°12′N	10.94±11.42
灰漠土	新疆阜康	87°45′E	43°45′N	4.59±0
潮土	河南封丘	114°24′E	35°00′N	22.61±17.46
褐土	河北栾城	114°41′E	37°53′N	3.96±7.51
干旱砂质新成土	甘肃临泽	100°07′E	39°21′N	6.82±4.06
灌淤土	宁夏沙坡头	104°57′E	37°27′N	2.2±0.41
棕壤	辽宁沈阳	123°24′E	41°31′N	2.35±0.95
水稻土	湖南桃源	111°27′E	28°55′N	1.17±0.75
潮土	山东禹城	116°22′E	36°40′N	32.98±21.31
紫色土	四川盐亭	105°27′E	31°16′N	9.51±1.04
红壤	江西鹰潭	116°55′42″E	28°12′21″N	7.79±4.26

资料来源:中国生态系统研究网络土壤分中心。土壤硝态氮含量受施肥等农艺措施与氮素转化的影响,因此空间与时间变异度均比较大。

思考与讨论

1. 简述镀铜镉还原-重氮偶合比色法测定土壤硝态氮含量的原理。

2. 简述镀铜镉还原-重氮偶合比色法测定土壤硝态氮含量的流程与注意事项。

3. 简述土壤亚硝态氮提取的注意事项。

下篇 拓展篇

第六章　土壤水势和水分特征曲线测定

研究土壤水的运动和它对植物的供给能力,只有土壤水的含量概念是不够的,土壤水的能量状态也是一个至关重要的指标。例如,如果黏土的土壤含水量为20%,砂土的土壤含水量为15%,将这两种土壤样品接触,土壤水会怎么移动呢?如果单从土壤水的含量高低来看,似乎应该是从黏土流向砂土,但事实恰恰相反。这说明,只有土壤水的含量概念,并不能很好地认识土壤水的运动及其对植物的供水能力,必须建立土壤水的能量观念,即土水势(土壤水的势能)。植物从土壤中吸水,必须以较大的吸力来克服土壤对水的吸力,因此土壤水吸力可以直接反映土壤的供水能力及土壤水分的运动能力。本章介绍土壤水势和土壤水分特征曲线的测定方法。

第一节　土水势的测定

土壤水分的运动能力一般以土水势表示,它包括基质势、压力势、溶质势、重力势等若干分势。除盐碱土外,基质势和重力势是与土壤水运动最密切相关的分势。重力势是地球重力对土壤水作用的结果,其大小由土壤水在重力场中相对于基准面的位置来决定,而基准面的位置可任意选定。重力势一般不用测定,只与被测定点的相对位置有关。基质势是由于土壤基质孔隙对水的毛管力和基质颗粒对水的吸附力共同作用而产生的。取基准面纯水自由水面的土水势为 0,则基质势为<0 的负值。土水势的常用单位有单位重量土壤水的势能(量纲为长度单位,即 cm、m 等)和单位容积土壤水的势能[量纲为压强单位,即 Pa(帕)、bar(巴)或大气压,1 bar = 100000 Pa,1 标准大气压=1.01325 bar = 101325 Pa]。本节介绍土水势的测定方法。

一、实验目的

初步掌握土水势的测定方法。

二、测定方法与原理

1. 测定方法

目前,最常用的土水势测定方法是张力计法和压力薄膜法。张力计法可在田间进行原位测定，但测定范围较窄，仅在 0.1 MPa（1 MPa= 1000000 Pa = 7500 mmHg）吸力以内。压力薄膜法的测定范围较广，可扩大到 1.5 MPa（$1.125×10^4$ mmHg）吸力以上，但需要在室内测量。土壤基质势由压力势、水势和基质势之间的关系计算。张力计可长期放置于土壤中，能够原位连续观测土壤水吸力的变化，当土壤水因排水或植物吸收而减少，或因降水和灌溉得到补充，都能在张力计的压力表上读取相应的读数，它能够为原状剖面的土壤水分状态及其随时间的变化提供可靠的资料，为灌溉、排水、作物生长提供科学依据。本节重点介绍张力计法。

2. 方法原理

张力计由陶土管、塑料管（腔体）、集气管、计量指示器（真空表）等部件组成（图6.1）。测定时，先在张力计内部充满无气水（将水煮沸排除溶解于水中的气体，然后将煮沸的水与大气隔绝，降至室温，即为无气水），使陶土头饱和，并与大气隔绝。将张力计埋设在土壤中，陶土头要与土壤紧密接触。当土壤处于非饱和水状态时，土壤通过瓷头从张力计中"吸取"少量水分，当与张力计瓷头接触土壤的土水势与张力计瓷头处的水势相等时，由张力计向土壤中的水运动停止，这时记录张力计读数并计算出土壤的基质势。

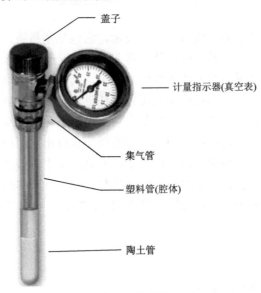

盖子

计量指示器（真空表）

集气管

塑料管（腔体）

陶土管

图 6.1　张力计

土壤水吸力是土壤水势的强度指标，与土壤水的流动和土壤水对植物的有效性均有密切关系。与土壤含水率的含义不同，它在土壤水势的强弱上，而不是在多少上反映土壤的干湿程度。一般来说，土壤吸力越大，土壤含水量越小；土壤吸力越小，土壤含水量越多。张力计指标的数据也能大致反映土壤的含水量状况。

三、实验仪器与设备

(1)张力计(吸力计):可在市场上购置各种形式的张力计。

(2)土钻:根据张力计埋设的深度定做或加工,土钻钻头直径要与张力计瓷头直径相同。

四、操作步骤

1. 仪器除气

(1)制备无气水:将自来水煮沸 20 min 后,与大气隔绝,冷却备用。

(2)注水:开启集气管的盖子,并将仪器倾斜,用塑料瓶徐徐注入无气水,直到加满为止,仪器直立 10～20 min(不要加盖子),让水把陶土管湿润,并见水从陶土管表面滴出。

(3)排气:将仪器注满无气水,用干布或吸水性能好的纸从陶土管表面吸水(或在注水口处塞入一个插有注射针头的橡皮塞,用注射器进行抽气,抽气时注意针尖必须穿过橡皮塞并伸入仪器内部。同时用左手顶住橡皮塞,不让其松动漏气)。此时,可以看到真空表的指针指向 40 kPa(300 mmHg)左右,并有气泡从真空表内逸出,逐渐聚集在集气管中。缓缓拔去塞子,让真空表指针缓慢退回零位。继续将仪器注满无气水,仍用上述方法进行抽气。这样重复 3～4 次,即可除去大部分真空表内的空气。

(4)集气:将仪器注满无气水,加上塞子,密封,并将仪器直立,让陶土管在空气中蒸发,约 2 h 后,即可见真空表的指针指向 40 kPa(300 mmHg)或更高。此时从陶土管、真空表、塑料管及集气管中会有埋藏的气泡逸出,轻轻将仪器上下倒置,使气泡集中到集气管中。

(5)再蒸发:将陶土管浸入无气水中,此时,可见真空表指针回零,打开盖子,重新注满无气水,加上盖子,再让陶土管在空气中蒸发。此时,真空表的指针可升至 50 kPa(375 mmHg)或更高。轻轻将仪器上下倒置,收集逸出的空气。

(6)重复:按以上步骤进行 2～3 次,每进行一次之后真空表的指针可升得更高,直到指针达到 80 kPa(600 mmHg)时将陶土管浸入无气水中,真空表指针转动回零。打开盖子,注满水,盖紧盖子,将陶土管浸在无气水中备用。

2. 校正零位

仪器密封后,真空表至测点(陶土头中部)间存在一个静水压力值,如做精确测量,此静水压力差应予以消除,这就需要进行零位校正。具体校正方法是:仪器灌水后,在空气中蒸发,使负压升至 20 kPa(150 mmHg)左右时,将陶土管的一半浸入水中，真空表指针缓缓回零，直到不动。当真空表指针退回直至不动时的读数即为零位校正值。测量值减去零位校正值就是测点的土壤吸力。

3. 仪器安装

在需要测量土壤吸力的地方，用钻孔器开孔到待测的深度（从地面至陶土头中心计算），倒入少许泥浆，垂直插入张力计，使陶土管与土壤紧密接触。然后将周围填土捣实（切勿踩实），以免降水沿管壁周围松土下渗到测点，致使测量不准。同时，注意不要过多地扰动和踩踏张力计周边的土壤，避免造成土壤压实，影响测定结果。仪表部件上要套上防护袋（塑料袋等）加以保护。

注：张力计测定范围在地面以下 0～80 cm。由于在田间温度（如 30℃左右）下，张力计内水分在低压（80 cm 以下土层）下会发生大量汽化（达沸点），张力计工作状态被破坏。因此，张力计一般只能测到地面以下 80 cm 土层内的土水势。

4. 数据采集

仪器安装完毕，平衡 24 h 后，便可观测读数。土壤水吸力受温度、容重等影响，应注意不要踩实仪器周围的土壤，尽量在温度变化小的时间采集数据（最好在清晨），以避免测点和仪器因温度不同而造成的误差。如对数据有所怀疑，可轻轻叩打真空表，以消除可能产生的摩擦力。当集气管中空气达到该管容积的 1/2 时，必须除气，操作方法是在读数后开启盖子，注满水后再封闭。

5. 土壤水势测定流程

土壤水势测定流程图如图 6.2 所示。

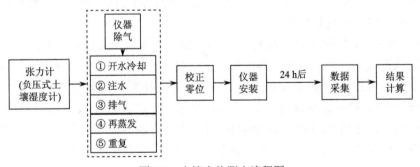

图 6.2　土壤水势测定流程图

五、结果计算

张力计读数减去零位校正值为真正的土壤水吸力。一般在测量表层土壤水吸力时，因为仪器较短，零位校正值很小，校正值可以忽略不计。

张力计测定结果的单位目前用 Pa 表示。但张力计的真空压力表上的读数是以 mmHg 为单位表示的，可以进行如下换算：

1 mmHg=1.3332237 mbar=133.32237 Pa

如果用 mmH$_2$O 或 cmH$_2$O 表示，换算如下：

1 atm（标准大气压）=1.01325 bar=1013.25 mbar=760 mmHg=1033 cmH$_2$O（4℃时）=101325 Pa

1 mmH$_2$O=9.8066 Pa

1 bar=10^3 mbar=1020 cmH$_2$O=10^6 dyn[①]/cm^2=100 J/kg=10^5 Pa=0.1 MPa

土水势在文献上的定量表示与单位换算见表 6.1。

六、注意事项

（1）陶土管切忌沾上油污，以免堵塞微孔，使仪器失灵。

（2）用本方法测定土壤基质势（或土壤水吸力）时，土壤盐分一般对测定结果无影响；但在土壤盐分含量较高时，其溶质势（渗透势）或溶质水吸力应分别测定。

（3）关闭盖子时，应缓缓拧入，将多余水从陶土管渗出。切不可将橡皮塞快速按入仪器内，否则仪器内将产生高的正压力，使真空表和传感器损坏。

（4）使用过程中，当集气管中空气达到该管容积的 1/2 时，必须除气，操作方法是在读数后开启盖子，注满水后再封闭。

（5）张力计用完后一定要将上面的盖子打开，把水倒出或直接放到无气水中浸泡，否则容易损坏指针。

（6）当气温下降到冰点前，应将埋设在室外的仪器撤回，以免冻裂。

七、土水势定量表示与单位换算

土壤水的能量水平见表 6.1。

表 6.1　土壤水的能量水平

土水势				土壤吸力[②]		20℃时水汽压/Torr[③]	20℃时相对湿度/%
单位质量[①]		单位容积		压力水头			
erg/g	J/kg	bar	cmH$_2$O	bar	cmH$_2$O		
0	0	0	0	0	0	17.5350	100.00
-1×10^4	−1	−0.01	−10.2	0.01	10.2	17.5349	100.00
-5×10^4	−5	−0.05	−51.0	0.05	51.0	17.5344	99.997
-1×10^5	−10	−0.1	−102.0	0.1	102.0	17.5337	99.993

---

① 达因，力的单位，非法定，1 dyn=10^{-5} N。

续表

| 土水势 | | | | 土壤吸力 | | 20℃时水汽压 /Torr | 20℃时相对湿度/% |
| 单位质量 | | 单位容积 | | 压力水头 | | | |
erg/g	J/kg	bar	cmH₂O	bar	cmH₂O		
-2×10^5	−20	−0.2	−204.0	0.2	204.0	17.5324	99.985
-3×10^5	−30	−0.3	−306.0	0.3	306.0	17.5312	99.978
-4×10^5	−40	−0.4	−408.0	0.4	408.0	17.5299	99.971
-5×10^5	−50	−0.5	−510.0	0.5	510.0	17.5286	99.964
-6×10^5	−60	−0.6	−612.0	0.6	612.0	17.5273	99.955
-7×10^5	−70	−0.7	−714.0	0.7	714.0	17.5260	99.949
-8×10^5	−80	−0.8	−816.0	0.8	816.0	17.5247	99.941
-9×10^5	−90	−0.9	−918.0	0.9	918.0	17.5234	99.934
-1×10^6	−100	−1.0	−1020	1.0	1020	17.5222	99.927
-2×10^6	−200	−2.0	−2040	2.0	2040	17.5089	99.851
-3×10^6	−300	−3.0	−3060	3.0	3060	17.4961	99.778
-4×10^6	−400	−4.0	−4080	4.0	4080	17.4833	99.705
-5×10^6	−500	−5.0	−5100	5.0	5100	17.4704	99.637
-6×10^6	−600	−6.0	−6120	6.0	6120	17.4572	99.556

①单位质量的能：尔格每克(erg/g)或焦耳每千克(J/kg)，常用来作为势的基本表示单位；尔格，功的单位，非法定，1erg=10^{-7} J。

②不存在渗透作用(即溶液中没有可溶盐)时，土壤水吸力与基质吸力相等，不然它就是基质吸力和渗透吸力的和。

③托，压力单位，非法定，1 Torr=1 mmHg=133.32237 Pa=1/760 大气压。1 cmH₂O=98.066 Pa。

思考与讨论

1. 简述张力计安装前的准备过程。
2. 简述使用张力计测定土壤水势的注意事项。

第二节　土壤水分特征曲线

土水势(或土壤水吸力)随土壤含水量变化而变化，两者的关系曲线称为土壤水分特征曲线。该曲线反映了土壤水分能量和数量之间的关系，可从能量角度清晰地认识和说明土壤水分和植物生长之间的关系。根据土壤水分特征曲线查得与土壤含水量对应的基质势值，可以判断该土壤水对植物的有效程度。土壤水分特征曲线是研究土壤水分运动、调节利用土壤水、进行土壤改良等方面的重要工具。本节介绍土壤水分特征曲线的测定方法。

一、实验目的

掌握土壤水分特征曲线的测定方法，了解土壤含水量和基质势之间的内在关系。

二、测定方法与原理

1. 测定方法

目前，测定土壤水分特征曲线的方法主要有张力计法和压力膜(板)法。其中，张力计法是最简单、最直观的方法，是比较适用于实验教学的方法。本节将重点介绍张力计法。

由于张力计测定的土壤水吸力范围为 0～85 kPa(0～637.5 mmHg)，因此，此方法只能测定低土壤水吸力范围下的土壤水分特征曲线。

2. 方法原理

参照上一节介绍的方法，使用张力计可以测定某一土壤在不同含水量条件下的土壤基质势(或土壤水吸力)，得到一组数据，就可以完成土壤水分特征曲线的测定工作。

土壤水分特征曲线包括脱水曲线和充水曲线两种。此法若是应用于脱水过程，则测出的为脱水曲线；若应用于充水过程，则测出的为充水曲线。可在室内测定扰动土和原状土壤样品的土壤水分特征曲线，也可在田间测定土壤水分特征曲线。

在田间测定时，将张力计埋设到待测土壤深度土层，在张力计上读数测出土壤水吸力的同时，可在张力计附近同样的深度处采集土壤样品测定土壤含水量，分别记录湿润(充水)或干燥(脱水)过程，逐渐积累数据资料，最后绘制水分特征曲线。

三、实验设备与装置

水分特征曲线实验测定装置(图 6.3)包括以下几种。

(1)张力计。

(2)实验土罐：高 12 cm，内径 10.2 cm，罐底均匀分布有 1.5 mm 小孔，以备湿润土壤用。

(3)分析天平：量程 3000～6000 g，精度 0.001 g。

(4)其他：无气水、注射器、透水石、烧杯、装土工具等。

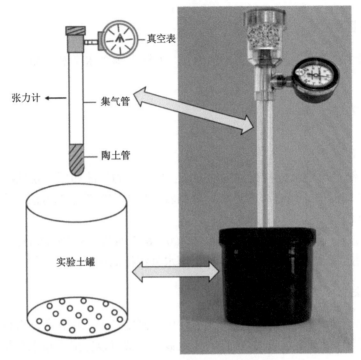

真空表

张力计 ← 集气管

陶土管

实验土罐

图 6.3　水分特征曲线实验测定装置

四、操作步骤

(1)张力计的检查与准备工作。详见第六章第一节。

(2)测定设备组装。在确定测定装置没有问题后,对装置进行称重(m_0)(精确至 0.001 g)。同时,测定供试土壤样品体积(V,即实验土罐容积)。

(3)供试土壤样品填装。将待测土壤样品按照设定容重均匀装满实验土罐。要保证陶土管与土壤接触良好,同时对各部件接口的密封性进行检查,确保其密封性完好。

(4)饱和土壤。填装土壤样品后,将容器放在透水石上(水面与透水石平行),吸水持续 24 h 以上。称量水饱和后的质量(m_w,测定装置+饱和土壤)(精确至 0.001 g)。数据记入表 6.2。

(5)数据采集。在一定时间段,读取真空表显示的吸力值,并称重(m_1,测定装置+土壤)(精确至 0.001 g)。称重时注意不要碰撞仪器,以免陶土管与样品接触不良造成实验失败。每天可测 2~3 次。数据记入表 6.2。

(6)停止测量后,取出测定装置中的土壤样品,放在(105±5)℃烘箱中烘至恒重,对烘干土壤样品进行称重(m_2,精确至 0.001 g),确定供试土壤样品的容重

（ρ_s）。数据记入表 6.2。

（7）张力计法测定土壤水分特征曲线简易流程图如图 6.4 所示。

图 6.4　张力计法测定土壤水分特征曲线简易流程图

五、结果计算

1. 数据记录

表 6.2　水分特征曲线测定（张力计法）实验记录表

供试土壤样品编号		试样体积（V 即试样容器容积）/cm³					
零位校正值 z				测定装置+饱和试样（m_w）/g			
测定装置质量（m_0）/g		土壤干重（m_2）/g		土壤容重（ρ_s）/(g/cm³)			
数据记录顺序	土壤水基质势（ψ_m）/cmH₂O	测定装置+土壤质量（m_1）/g	试样质量含水率（θ_G)/(g/g)	土壤体积含水率（θ_V)/(cm³/cm³)	时间（t）/min	备注
1						
2						
3						
⋮						

2. 土壤水吸力值计算

土壤水吸力值（S）计算如下：

$$S = -\psi_m = -\Delta PD - z$$

式中，ψ_m 为试样土壤水基质势（cmH₂O）；ΔPD 为负压值（$\Delta PD < 0$）；z 为埋藏在土中的陶土管中心与土面以上真空表之间的静水压力［即水柱高（cmH₂O），向上为正，> 0］。

计算结果记入表 6.2。

3. 对应的土壤质量含水率和体积含水率计算

土壤质量含水率计算如下：

$$\theta_G = \frac{m_1 - m_0}{m_2}$$

式中，θ_G 为试样质量含水率(g/g)；m_0 为测定装置质量(g)；m_1 为测定装置+土壤质量(g)；m_2 为烘干土壤质量(g)。

土壤体积含水率由下式计算(设水的密度为 1 g/cm^3)：

$$\theta_V = \theta_G \times \rho_s$$

式中，θ_V 为土壤体积含水率(cm^3/cm^3)；θ_G 为土壤质量含水率(g/g)；ρ_s 为土壤容重(g/cm^3)。

计算结果记入表 6.2。

4. 土壤水分特征曲线拟合

由测定的土壤水基质势(ψ，cmH$_2$O)和土壤体积含水量(θ_V)可以绘制土壤水分特征曲线，也可以拟合成 ψ 和 θ_V 的函数形式。

根据 van Genuchten 公式，利用 Statistic 非线性程序包或 RETC 软件进行参数拟合，即可获得水分特征曲线方程：

$$\theta(\psi) = \begin{cases} \theta_r + \dfrac{\theta_s - \theta_r}{\left[1 + |a\psi|^n \right]^m}, & \psi < 0 \\[3mm] \theta_s, & \psi \geqslant 0 \end{cases}$$

式中，$\theta(\psi)$ 为对应土壤水基质势条件下的土壤体积含水率(cm^3/cm^3)；θ_s 为土壤饱和含水率(cm^3/cm^3)；θ_r 为土壤凋萎含水率(cm^3/cm^3)；ψ 为土壤水基质势(cmH$_2$O)；a、m、n 为待定系数(由供试土壤性质确定，$m=1-1/n$)。

六、注意事项

如果实验过程中读数上升不到 650 mmHg，必须更换陶土管，然后重新检测，再使用。

七、实验案例

1. 张力计法测定不同质地土壤水分特征曲线

土壤样品分别取自新疆石河子及陕西西安、绥德、安塞和榆林，其土壤质地分别为粉黏壤土、粉壤土、砂壤土、砂壤土和壤质砂土。根据田间实测容重和土壤基本情况，新疆土壤、西安土壤、绥德土壤、安塞土壤和榆林土壤的设计容重分别为 1.45 g/cm^3、1.35 g/cm^3、1.4 g/cm^3、1.35 g/cm^3 和 1.65 g/cm^3；使用张力计法测定土壤水吸力。首先进行充水曲线的测定，待土壤饱和后开始定时蒸发脱水，测定脱水曲线。试验结果如图 6.5 所示。土壤水分特征因土壤的不同而异，一般而言，土壤质地越黏，同一吸力条件下土壤含水量越高，或同一含水量下其吸力值越大。黏质土壤水分特征曲线比砂质土壤陡直；而砂质土壤水分特征曲线呈现在一定水吸力以下较为平缓，而吸力较大时陡直的特点。同时发现在相同吸力条件下，充水状态的土壤含水量要小于脱水状态，说明水分特征曲线具有滞后现象（来剑斌, 2003）。

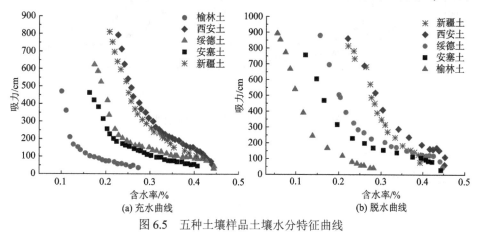

图 6.5　五种土壤样品土壤水分特征曲线

2. 容重对土壤水分特征曲线的影响

选取西安土壤和安塞土壤为研究对象，设计 4 个容重水平，分别为 1.20 g/cm³、1.25 g/cm³、1.30 g/cm³、1.35 g/cm³，研究容重对土壤水分特征曲线的影响。首先测定充水曲线，待土壤饱和后开始定时蒸发脱水，测定脱水曲线。实验结果如图 6.6 和图 6.7 所示。在土壤充水过程和脱水过程中，随着土壤容重的逐渐增大，水分特征曲线均呈现出逐渐上移的趋势。在相同含水率情况下，土壤容重越大，吸力越大，即随着土壤容重的增加，土壤持水能力增加。

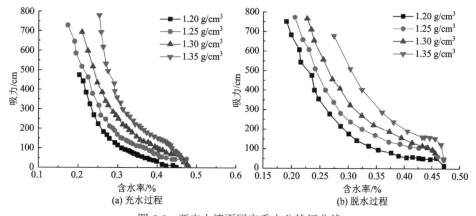

图 6.6　西安土壤不同容重水分特征曲线

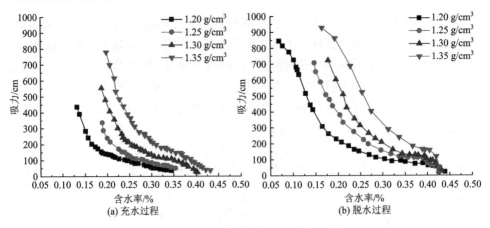

图 6.7　安塞土壤不同容重水分特征曲线

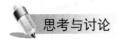　思考与讨论

简述张力计法测定土壤水分特征曲线的主要流程。

第七章 土壤有机质组分测定

土壤有机质与土壤养分供给、土壤性质以及土壤生态环境功能的发挥都有着重要的关系。对土壤有机质的研究一直以来都是土壤学研究领域的重点。由于土壤有机质的组成、结构、存在方式的复杂性，对土壤有机质的分组一直是有机质研究的热点问题。本章介绍土壤有机质的分组和测定方法。根据土壤有机质分组方法所采用的原理，一般分为化学分组和物理分组。

第一节 土壤有机质的化学分组

土壤有机质的化学分组是依据土壤有机质在不同提取剂(水、酸、碱及盐)中的溶解性和化学反应特性分离出的各种组分，主要包括腐殖质、土壤微生物量碳、可溶性有机碳及易氧化有机碳等。本节重点介绍腐殖质的分组方法。

腐殖质是动植物残体经微生物作用在土壤中重新合成的高分子有机化合物，其分子结构比较复杂，多数与黏粒矿物密切结合成复合体，性质稳定。根据腐殖质在酸碱溶液中的溶解性将其分为胡敏酸(humic acid)、富里酸(fulvic acid)和胡敏素(humin)。胡敏酸是土壤腐殖质中最活跃的部分，阳离子交换量高，能提升土壤吸附性能和保水保肥能力，促进土壤良好结构体的形成；富里酸可以促进矿物的分解和养分的释放，在胡敏酸的积累和更新中起着重要作用；胡敏素是有机碳和氮的重要组成部分，其与铁、铝氧化物和黏土矿物等紧密结合，是土壤中的惰性物质，在碳截获、土壤结构、养分保持、氮素循环等方面均占有重要地位。土壤腐殖质的数量、质量在一定程度上反映了土壤形成过程和肥力水平，因此研究腐殖质具有极其重要的意义。

一、实验目的

了解土壤腐殖质的提取及分组过程，并观察胡敏酸和富里酸的主要性状(颜色、在酸碱溶液的溶解性)。

二、测定方法与原理

根据腐殖质在酸碱溶液中的溶解性将其分为胡敏酸、富里酸和胡敏素，其中，胡敏酸溶于碱，不溶于酸；富里酸溶于酸和碱；而胡敏素既不溶于酸又不溶于碱。目前一般所用的分组方法是先把土壤中未分解的动植物残体组织拣出，然后用不同的溶剂分离腐殖质的各组分。

三、实验仪器、器皿和试剂

1. 仪器和器皿

三角瓶、漏斗、玻璃棒、滤纸、试管、吸量管、离心机、水浴锅。

2. 试剂

(1) 0.1 mol/L 氢氧化钠溶液：称取 4.0 g 氢氧化钠(NaOH,分析纯)溶于 100 mL 蒸馏水，稀释至 1 L。

(2) 0.1 mol/L 焦磷酸钠和 0.1 mol/L 氢氧化钠混合液：称取 44.6 g 焦磷酸钠 ($Na_4P_2O_7 \cdot 10H_2O$，分析纯)与 4.0 g 氢氧化钠(NaOH，分析纯)溶于水并稀释至 1 L，此溶液的 pH 在 13 左右。

(3) 6 mol/L H_2SO_4 溶液：量取浓硫酸(H_2SO_4，c=18.4 mol/L，化学纯)32.6 mL 倒入已经加入 50 mL 蒸馏水的烧杯中，用玻璃棒不断搅拌，待溶液冷却后，沿玻璃棒倒入 100 mL 的容量瓶，用少量蒸馏水洗涤烧杯和玻璃棒 2～3 次，并将洗涤液转移至容量瓶，加水定容至 100 mL。

四、操作步骤

(1) 制备土壤样品：将土壤研磨，剔除植物残体等未分解的有机物，过 1 mm 筛后，称取土壤样品 5.00 g(精确至 0.01 g)，置于 250 mL 三角瓶中。

(2) 提取腐殖酸：加入 50 mL 焦磷酸钠和氢氧化钠混合液(试剂 2)(土：液= 1：10)，间歇搅拌，置沸水浴中加热浸提 30 min，不时摇动。取出冷却，过滤，滤液转移到 100 mL 容量瓶中，定容。

(3) 准确吸取 5 mL 上述提取液置于 100 mL 试管中，在沸水浴中蒸发近干，用高温外热重铬酸钾氧化-容量法测定含碳量，即为胡敏酸和富里酸总的含碳量。

(4) 准确吸取 10 mL 上述提取液置于 100 mL 离心管中，滴加 6 mol/L H_2SO_4 溶液(试剂 3)至 pH 为 1.0～1.5。这时的沉淀物即为胡敏酸，将其离心分离后，用 0.1 mol/L NaOH 溶液(试剂 1)溶解，转移到 100 mL 容量瓶中，定容，吸取 5 mL 置于 100 mL 试管中，在沸水浴中蒸发近干。用高温外热重铬酸钾氧化-容量法测定胡敏酸中的含碳量，富里酸的含碳量可用差减法求得。

(5) 具体操作流程见图 7.1。

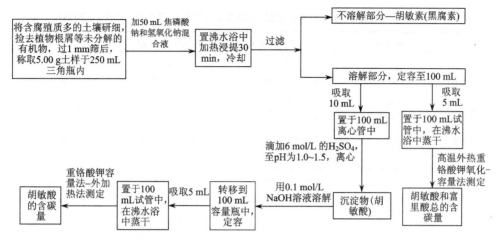

图 7.1　腐殖质提取及测定流程图

五、注意事项

(1) 本实验只观察在稀碱溶液中分散的腐殖质(称为活性腐殖质)的一般性状。对于稀碱液中不分散的部分,由于分离操作需要几天甚至几周时间,故未涉及。

(2) 观察胡敏酸和富里酸在酸碱溶液中的溶解性时,加入酸碱试液后稍加热,以使现象更明显(图 7.2)。

图 7.2　富里酸和胡敏酸颜色差异

上层液体为富里酸,下层沉淀物为胡敏酸

六、实验案例

表 7.1 展示了不同种植模式下土壤胡敏酸碳和富里酸碳的含量变化。

表 7.1　不同种植模式下土壤胡敏酸碳和富里酸碳的含量变化(褚慧等, 2013)

种植年份	种植模式	可提取腐殖质碳/(g/kg)	胡敏酸碳/(g/kg)	富里酸碳/(g/kg)
2004	CN	2.88±0.33bA	1.14±0.20bA	1.73±0.26bA
	ZH	3.11±0.58bA	1.23±0.33bA	1.88±0.24abA
	OR	3.98±0.35aA	1.79±0.15aA	2.19±0.21aA
2006	CN	3.41±0.55bA	1.31±0.15bA	2.10±0.23aA
	ZH	3.76±0.54aA	1.57±0.29abA	2.19±0.32aA
	OR	4.23±0.29aA	1.98±0.16aA	2.25±0.13aA
2008	CN	3.48±0.38bA	1.47±0.16bB	2.07±0.24aA
	ZH	4.24±0.76aA	2.12±0.32aA	2.12±0.20aA
	OR	4.11±0.28abA	1.98±0.10aA	2.12±0.16aA
2010	CN	3.02±0.30bA	1.21±0.11bA	1.79±0.16bA
	ZH	4.23±0.76aA	2.18±0.23aA	2.04±0.23abA
	OR	4.22±0.24aA	1.94±0.08aA	2.28±0.15aA
2012	CN	3.23±0.21cB	1.31±0.14cB	1.91±0.14bA
	ZH	5.79±0.74aA	3.11±0.16aA	2.68±0.14aA
	OR	4.53±0.20bAB	2.11±0.08bAB	2.44±0.15aA

注：同一列中，同一年份下无相同大小写字母分别表示处理在 0.01 和 0.05 水平上差异显著。CN 为常规种植模式；ZH 为有机大棚种植模式；OR 为有机露地种植模式。

思考与讨论

1. 简述胡敏酸和富里酸的分离过程，以及其中含碳量的测定方法。
2. 基于表 7.1 中的数据，分析不同种植模式下，土壤腐殖质组分的变化趋势。

第二节　土壤有机质的物理分组

　　土壤有机质的物理分组是按照土壤中有机质的密度或者土壤颗粒的大小进行分类的，一般通过分散、离心、沉降等过程分离出不同的有机质组分，主要包括密度分组、粒径分组及团聚体分组等。本节重点介绍土壤有机质的密度分组。

　　密度分组可把土壤有机质分为轻组物质与重组物质。一般认为，重组物质分解速率较慢，C/N 值低，主要成分为腐殖质，具有抵抗微生物降解的能力；轻组物质分解速率快，C/N 值高，对耕作、施肥等农业措施反应灵敏，常作为衡量土壤有机碳变化的重要指标。

一、实验目的

掌握土壤有机质的密度分组方法。

二、测定方法与原理

土壤有机质密度分组方法的原理是与土壤矿物紧密结合的有机质密度高，而游离的或非复合性的有机质密度低，通过一定密度的重液可将轻组物质与重组物质分离开来，即密度小于重液密度的轻组物质悬浮于重液上方，重组物质则沉淀在重液体下方，分离后可分别测定其有机碳含量。

重液的密度没有严格的规定，通常在 $1.6\sim2.0\ g/cm^3$，其中，密度为 $1.6\sim1.8\ g/cm^3$ 的重液更为常见，一般认为该密度范围可以在轻组物质中排除大多数矿物和有机矿物材料，最大限度地回收植物颗粒状有机物，$1.8\ g/cm^3$ 重液的使用最为广泛。

三、实验仪器和试剂

1. 仪器

砂芯漏斗(G3)、液体密度计、离心机、超声机、烘干机。

2. 试剂

(1) $1.8\ g/cm^3$ 碘化钠溶液：称量碘化钠(NaI)180 g，加入 100 mL 水，搅拌均匀后，用密度计测定所配重液的密度，待密度计稳定后读取数据。

(2) 0.01 mol/L 氯化钙溶液：称取 147.02 g 氯化钙($CaCl_2 \cdot 2H_2O$)溶于 200 mL 蒸馏水中，定容至 1 L。吸取上述溶液 10 mL 于 500 mL 烧杯中，加 400 mL 蒸馏水，用少量的 $Ca(OH)_2$ 或 HCl 调节 pH 为 6 左右，再转移至 1 L 容量瓶中定容。

(3) 95%的乙醇：量取无水乙醇 950 mL 加水定容至 1 L。

四、操作步骤

(1) 称取 10 g 过 2 mm 筛的风干土壤样品(精确至 0.01 g)，放入 100 mL 塑料离心管中，加入 50 mL 碘化钠溶液(试剂 1)，用手轻轻摇动，室温下静置过夜。次日，将该混合液 3500 r/min 离心 15 min，将浮在溶液表层的轻质部分倾倒于装有 0.45 μm 纤维滤膜的过滤器中，过滤。然后依次用氯化钙溶液(试剂 2)和蒸馏水将滤膜表面附着的物质转移至烧杯中，在 60℃下烘干，称重，即得到游离态轻组组分。

(2) 继续向离心管中加入 50 mL 碘化钠溶液(试剂 1)，充分摇动后，用超声机分散处理 15 min 后，同操作步骤(1)，得到闭蓄态轻组组分，两者总称为土壤轻组物质。

(3)向离心管中加入 50 mL 的蒸馏水,充分振荡 20 min,离心 20 min,用 95% 乙醇(试剂 3)反复洗涤沉淀物至无色,烘干后称重,得到土壤重组物质。

(4)将各组分研磨,过 100 目筛,用高温外热重铬酸钾氧化-容量法测定有机碳含量。

(5)具体操作流程见图 7.3。

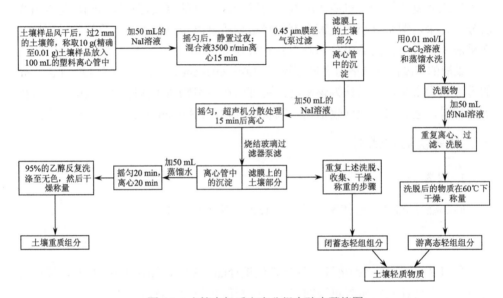

图 7.3 土壤有机质密度分组实验步骤简图

五、注意事项

(1)在配置碘化钠溶液时,需要用密度计测量密度,若液体密度出现偏差,需重新配置。

(2)洗脱样品时,尽可能保证滤膜上无残留,以提高轻质组分测定的精度。

(3)离心后,倾倒滤液时,应慢慢转动离心管,尽可能一次就把黏附在管壁的轻组物质倒净,若有残留,可用重液多次清洗。

六、实验案例

使用湿筛法对土壤进行水稳性团聚体分离后,再使用密度分组法进一步进行轻、重组分分离,获得实验数据如表 7.2 所示。

表 7.2 土壤团聚体轻、重组分有机碳含量(Dong et al., 2016)

组分	团聚体/μm	有机碳含量/(g/kg)				
		初始值	B0	B30	B60	B90
LF	>1000	0.43	0.21	1.76	5.88	7.80
	250~1000	0.48	0.27	1.24	2.06	2.49
	53~250	0.08	0.16	1.05	0.67	0.18
	<53	0.19	0.13	0.66	1.00	1.21
	总计	1.18	0.77	4.71	9.61	11.68
HF	>1000	0.42	0.16	0.79	2.04	2.64
	250~1000	1.31	1.04	1.08	1.80	1.27
	53~250	0.90	1.29	1.76	1.10	1.10
	<53	1.13	1.58	1.83	1.63	2.81
	总计	3.76	4.07	5.46	6.57	7.82

注：B0、B30、B60、B90 分别表示添加 0 t/hm², 30 t/hm², 60 t/hm², 90 t/hm² 生物炭的处理。LF 代表轻组有机碳，HF 代表重组有机碳。

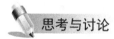

思考与讨论

1. 简述土壤轻、重组有机质的分离步骤及注意事项。

2. 分析表 7.2 中的数据，讨论施用生物炭对土壤团聚体轻、重组分的影响。

第八章　土壤磷和钾分析方法

磷和钾是植物必需的大量营养元素。土壤中磷的含量和可利用率都很低，是陆地生态系统生物生长和重要生态过程的限制因子。磷肥的应用增加了土壤磷素肥力，但是长期大量施用磷肥也增加了土壤磷素向水环境释放的风险。测定土壤磷和钾的全量和有效态含量，对于了解不同土壤的磷钾供应能力、指导肥料管理具有重要意义。本章介绍土壤磷和钾的分析方法。

第一节　土壤全磷分析方法

土壤全磷包括无机和有机两大部分。虽然土壤全磷含量并不能直接反映土壤的供磷能力，但如果土壤全磷含量很低（如<0.04%），则有可能供磷不足。我国土壤中的全磷含量在 0.02%~0.11%，世界土壤全磷含量的变幅则在 0.02%~0.5%。本节介绍土壤全磷的分析方法。

一、实验目的

了解土壤全磷的主要分析方法，掌握氢氟酸-高氯酸消煮法-钼锑抗比色法测定土壤全磷的操作步骤和注意事项。

二、测定方法与原理

测定土壤全磷首先需要将土壤中全部的磷转化为可溶解在液体中的形态。这种转化通常需要通过三种途径：①用碱熔融；②用强酸消煮；③高温烧灼然后用酸浸提。强酸消煮又可以分为硫酸-高氯酸消煮法和氢氟酸-高氯酸消煮法，本节主要介绍氢氟酸-高氯酸消煮法。

全磷转化后对溶液中磷的测定也可有多种方法，本节将着重介绍实验中常用的钼蓝比色法，即在酸性环境中，正磷酸盐与钼酸铵反应生成磷钼杂多酸络合物，在锑盐的存在下，用抗坏血酸将其还原生成蓝色的络合物，再进行比色。因此，这种方法又称为"钼锑抗比色法"。该方法具有操作简便、显色稳定、干扰离子的允许含量较大等优点。

三、实验仪器、器皿和试剂

1. 仪器与器皿

铂坩埚(或聚四氟乙烯坩埚)、分光光度计、电炉。

2. 试剂

(1)氢氟酸[ω(HF)≈40%，分析纯]。

(2)高氯酸[ω(HClO$_4$)≈70%~72%，分析纯]。

(3)2,4-二硝基酚(或 2,6-二硝基酚)指示剂：称取 0.20 g 2,4-二硝基酚，溶解于 100 mL 蒸馏水中。

(4)3 mol/L 盐酸溶液：浓盐酸与水按 1 : 3 体积混合。

(5)2 mol/L 氢氧化钠溶液：称取 80 g 氢氧化钠(NaOH，分析纯)，溶于蒸馏水，定容至 1 L。

(6)0.5 mol/L 硫酸溶液：量取 28.0 mL 浓硫酸[ρ(H$_2$SO$_4$)≈1.84 g/mL，分析纯]，缓缓注入蒸馏水中，冷却后，定容至 1 L。

(7)钼锑储存溶液：量取 153 mL 浓硫酸[ρ(H$_2$SO$_4$)≈1.84 g/mL，分析纯]，缓缓地倒入 400 mL 蒸馏水中，搅拌，冷却。另称取 10 g 钼酸铵[(NH$_4$)$_6$Mo$_7$O$_{24}$·4H$_2$O，分析纯]，溶解于约 60℃的 300 mL 蒸馏水中，冷却。然后将配好的硫酸溶液缓缓倒入钼酸铵溶液中，搅拌。再加入 100 mL 酒石酸锑钾溶液[ρ(KSbC$_4$H$_4$O$_7$·1/2H$_2$O)= 5 g/L，分析纯]，最后用蒸馏水稀释至 1 L，避光储存。

(8)钼锑抗显色剂：称取 1.50 g 抗坏血酸(C$_6$H$_8$O$_6$，左旋，旋光度+21°~+22°，分析纯)溶于 100 mL 钼锑储存溶液(试剂 7)中。此显色剂须现配现用，有效期 1 d。

(9)100 mg/L 磷标准储存溶液：称取 0.4390 g 磷酸二氢钾(KH$_2$PO$_4$，分析纯，在 105℃烘 2 h)，溶于 100 mL 蒸馏水中，加入 5 mL 浓硫酸(防腐)，转移至 1 L 容量瓶中，用蒸馏水定容。此溶液可以长期保存。

(10)5 mg/L 磷标准溶液：量取磷标准储存溶液(试剂 9)，准确稀释 20 倍，此溶液不宜久存。

四、操作步骤

(1)土壤全磷消煮：称取通过 100 目筛(0.149 mm)的烘干土壤样品 0.2 g(精确至 0.0001 g)，放置于铂坩埚或聚四氟乙烯坩埚中，加数滴水湿润土壤样品。加入 5 mL 氢氟酸(试剂 1)和 5 mL 高氯酸(试剂 2)，小心摇动，混匀，在电炉或电热板上低温消煮，温度由 130℃渐渐升高至 180℃。待高氯酸冒白烟时取下坩埚观察，如坩埚内溶液清亮，说明已分解完全；如未清亮，可补氢氟酸和高氯酸，继续消煮，直至溶液清亮。再继续加热至近干。取下坩埚稍冷后，沿坩埚壁滴加数滴高氯酸，蒸干。之后，加 10 mL 盐酸(试剂 4)，在电炉上加热至残渣溶解。用蒸馏水转入 100 mL 容量瓶中，冷却后定容，混匀。空白溶液的制备：除不加土壤样品外，其他步骤相同。

(2)比色测定：吸取上述待测液 5.00 mL 置于 50 mL 容量瓶中，加 30 mL 蒸馏水，加 1 滴 2,4-二硝基酚指示剂(试剂 3)，用氢氧化钠溶液(试剂 5)和硫酸溶液(试剂 6)反复调节 pH，至溶液呈微黄色，加 5 mL 钼锑抗显色剂(试剂 8)，用水定容。30 min 后，在分光光度计上用 2 cm 比色皿在 700 nm 波长比色。

(3)工作曲线：吸取磷标准溶液(试剂 10) 0.00 mL、1.00 mL、2.00 mL、3.00 mL、4.00 mL、5.00 mL 分别加入 50 mL 容量瓶中，用步骤(2)进行显色、比色测定(图 8.1)，即得到磷含量 0 mg/L、0.1 mg/L、0.2 mg/L、0.3 mg/L、0.4 mg/L、0.5 mg/L 溶液的吸收值，绘制出标准曲线。

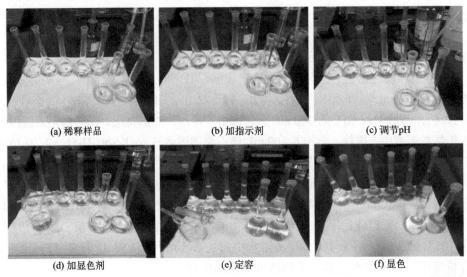

(a) 稀释样品　　　　　(b) 加指示剂　　　　　(c) 调节pH

(d) 加显色剂　　　　　(e) 定容　　　　　(f) 显色

图 8.1　土壤全磷测定过程显色图

(4)具体操作流程见图 8.2。

五、结果计算

$$\omega(\text{P}) = \frac{\rho \times V \times t_\text{s} \times 10^{-6}}{m} \times 1000$$

式中，$\omega(\text{P})$ 为土壤全磷的质量分数(g/kg)；ρ 为从工作曲线中获得的显色液中磷的浓度(mg/L)；V 为显色液定容体积(mL)；t_s 为分取倍数(t_s=消煮液定容体积/吸

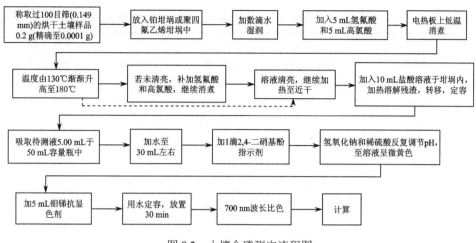

图 8.2 土壤全磷测定流程图

取体积);10^{-6} 为单位换算系数;m 为土壤样品质量(烘干重,g);1000 为换算成每千克土含量的系数。

六、注意事项

(1)整个消煮过程要在通风橱中进行。

(2)消煮完全的标准是在高氯酸冒烟时,坩埚内溶液应清澈见底。若有沉淀物,应取下坩埚,待其稍冷后再加氢氟酸和高氯酸继续消煮,直至消煮完全。

(3)待测液中不能有氟离子存在,否则影响测定结果。因此,在消煮溶液清亮,并继续加热至近干后,再次加高氯酸时应沿坩埚壁加入,以洗净可能存在的氟离子。

(4)消煮到最后不能蒸得太干,否则磷酸铁或磷酸铝将产生沉淀很难溶解,影响测定结果。

(5)显色时如室温低于 20℃,可放在 30～40℃烘箱或者水浴中保温 30 min,取出冷却后比色。

(6)在高度风化的土壤(如红壤、砖红壤)或有包裹态磷灰石存在时,一般会有消煮不完全的情况出现,导致结果偏低。对有机质含量高的土壤,还应先用过氧化氢(H_2O_2)将有机质去除完全。

七、实验案例

表 8.1 展示了基于 CERN 长期观测的典型土壤类型土壤全磷含量。

表 8.1　基于 CERN 长期观测的典型土壤类型土壤全磷含量

中国土壤发生分类	地点	经度	纬度	全磷/(g/kg)
干旱冲积新成土	新疆阿克苏	80°51′E	40°37′N	0.866±0.071
黄绵土	陕西安塞	109°19′23″E	36°51′30″N	0.693±0.028
风沙土	新疆策勒	80°43′45″E	37°00′57″N	0.62±0.082
水稻土	江苏常熟	120°41′53″E	31°32′56″N	0.816±0.177
黑垆土	陕西长武	107°40′E	35°12′N	0.819±0.096
灰漠土	新疆阜康	87°45′E	43°45′N	1.217±0.084
潮土	河南封丘	114°24′E	35°00′N	0.725±0.165
石灰土	广西环江	108°18′E	24°43′N	0.971±0.091
黑土	黑龙江海伦	126°55′E	47°27′N	0.825±0.057
褐土	河北栾城	114°41′E	37°53′N	0.626±0.322
潮土	西藏拉萨	91°20′37″E	29°40′40″N	0.811±0.065
干旱砂质新成土	甘肃临泽	100°07′E	39°21′N	0.418±0.05
风沙土	内蒙古奈曼	120°42′E	42°55′N	0.59±0.236
水稻土	江西千烟洲	115°04′13″E	26°44′48″N	0.238±0.062
灌淤土	宁夏沙坡头	104°57′E	37°27′N	0.453±0.068
棕壤	辽宁沈阳	123°24′E	41°31′N	0.597±0.076
水稻土	湖南桃源	111°27′E	28°55′N	0.542±0.092
潮土	山东禹城	116°22′E	36°40′N	0.945±0.133
紫色土	四川盐亭	105°27′E	31°16′N	0.738±0.108
红壤	江西鹰潭	116°55′42″E	28°12′21″N	0.548±0.133

资料来源：中国生态系统研究网络土壤分中心。

 思考与讨论

1. 试述氢氟酸-高氯酸消煮法-钼锑抗比色法测定土壤全磷的原理。
2. 简述氢氟酸-高氯酸消煮法-钼锑抗比色法测定土壤全磷的流程与注意事项。

第二节　土壤有机磷分析方法

土壤有机磷是土壤全磷的重要组成部分。从世界范围来看，土壤有机磷含量占土壤全磷含量的 15%~80%，变幅很大。我国大部分土壤有机磷占全磷的 20%~50%，但在森林植被下可高达 50%~80%。大多数有机磷化合物不能直接被生物吸收利用，需要依靠微生物驱动的有机磷矿化作用转化为无机磷后才具有生物有效性。本节介绍土壤有机磷的分析方法。

一、实验目的

了解土壤有机磷的主要分析方法，掌握烧灼法测定土壤有机磷的原理和操作流程。

二、测定方法与原理

1. 测定方法

土壤有机磷通常采用间接测定法，主要有浸提法和烧灼法。浸提法可用酸或碱浸提，但流程比较烦琐，浸提不易完全而且在浸提过程中有机磷可能水解。烧灼法则是用高温(550℃)或低温(250℃)烧灼。该方法的主要缺点是在烧灼过程中可能会改变矿物态磷的溶解度。本节主要介绍烧灼法。

2. 烧灼法原理

烧灼法主要通过烧灼使有机磷矿化，然后用酸溶解。酸溶液中的磷包括有机磷和无机磷两部分。未经烧灼的土壤用同浓度酸溶液浸提得到无机磷部分。土壤有机磷等于灼烧后酸浸提磷量(有机+无机)减去未经灼烧土壤酸浸提磷量(无机)。

三、实验仪器、器皿和试剂

1. 仪器与器皿

(1)高温电炉。
(2)分析天平(0.0001 g)。
(3)瓷坩埚(容量≥30 mL)。
(4)分光光度计。
(5)容量瓶(50 mL 和 200 mL)、移液管(1 mL、5 mL、10 mL)、漏斗、烧杯(300 mL)。

2. 试剂

试剂同土壤全磷测定。

四、操作步骤

称取风干土(过 0.149 mm 筛)1 g (精确至 0.01 g)，放于瓷坩埚中，将坩埚放于冷的高温电炉膛中，缓慢升温至 550℃(约需 2 h)，在此温度下保持 1 h。取出，冷却，用 50 mL 硫酸溶液(0.5 mol/L，试剂 1)将烧灼后的土壤完全转入 100 mL 塑料离心管中。在另一 100 mL 塑料离心管中放入 1 g(精确至 0.01 g)未烧灼的风干土壤，加入 50 mL 硫酸溶液(试剂 1)。稍停数分钟后，两离心管加塞，在振荡机中振荡 16 h，用滤纸过滤，滤液用于磷的测定。取滤液适量(含 P<40 μg)转移至 50 mL 容量瓶中，加水至 30 mL。加指示剂并用氢氧化钠和稀硫酸溶液调节 pH，以下操作按土壤全磷测定中的显色和比色操作，同时做试剂空白试验。

　　具体操作流程见图 8.3。

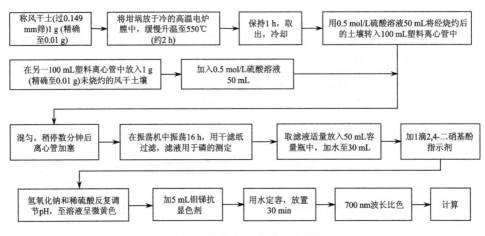

图 8.3　土壤有机磷测定流程图

五、结果计算

$$\omega(\text{P}) = \frac{\rho \times V \times t_{\text{s}} \times 10^{-3}}{m} \times 1000$$

式中，$\omega(\text{P})$ 为土壤有机磷或无机磷的质量分数(mg/kg)；ρ 为从工作曲线中获得的显色液中磷的浓度(mg/L)；V 为显色液定容体积(mL)；t_{s} 为分取倍数(t_{s}=消煮液定容体积/吸取体积)；10^{-3} 为单位换算系数；m 为土壤样品质量(烘干重，g)；1000 为换算成每千克土含量的系数。

　　土壤有机磷含量等于烧灼后土壤浸出磷的质量分数减去未烧灼土壤浸出磷的质量分数。

六、注意事项

　　(1)土壤烧灼后用硫酸浸提的过程中，高度风化的土壤中 Fe-P、Al-P 盐溶解度会有所增加，从而使有机磷的结果偏高。一般来说，烧灼法不适用于比较不同类型土壤间的有机磷含量，而适用于比较同类型土壤中有机磷含量的变化情况。

(2)为了避免磷的挥发损失，烧灼温度不能超过550℃。

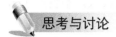
思考与讨论

简述烧灼法测定土壤有机磷含量的原理与流程，以及注意事项。

第三节　土壤有效磷测定

有效磷是指土壤中可被植物直接吸收利用的磷的总称,它包括全部水溶性磷、部分吸附态磷、一部分微溶性的无机磷和易矿化的有机磷等。土壤有效磷是土壤磷素养分供应水平高低的指标,对施肥管理有着直接的指导意义。本节介绍土壤有效磷的测定方法。

一、实验目的

了解土壤有效磷的主要测定方法，掌握碳酸氢钠(pH=8.5)浸提法和盐酸-氟化铵浸提法测定土壤有效磷的原理和操作流程。

二、测定方法与原理

1. 测定方法

目前为止,还没有真正反映植物可吸收利用的土壤有效态磷含量的测定方法。通常所说的土壤有效磷只是指某一特定方法所测出的土壤磷含量,并与植物磷的吸收利用有一定的关系,可以相对地说明土壤的供磷水平。土壤磷含量因测定方法而异。土壤中有效磷的测定方法很多,有生物方法、化学速测方法、同位素方法、阴离子交换树脂方法等。本节介绍化学速测方法。

在使用化学速测方法测定土壤有效磷时, 应根据土壤性质, 选用适宜的浸提剂。一般来讲, 微酸性土壤、中性土壤和石灰性土壤可用碳酸氢钠(pH=8.5)浸提法(也称为 Olsen 浸提法); 酸性土壤可用盐酸-氟化铵浸提法(也称为 Bray 浸提法)。选用的浸提剂及浸提条件不同, 测得的有效磷值有很大差异, 需要在分析报告中详细注明选用的测试方法。本节介绍碳酸氢钠浸提法(Olsen 浸提法)和盐酸-氟化铵浸提法(Bray 浸提法)。

2. 方法原理

碳酸氢钠($NaHCO_3$)(pH=8.5)浸提法提取土壤有效磷,在石灰性土壤提取液中的HCO_3^-可以和土壤溶液中的Ca^{2+}形成$CaCO_3$沉淀,降低了Ca^{2+}的活度,从而使某些活性较大的 Ca-P 被浸提出来。在酸性土壤中因 pH 提高，使 Fe-P、Al-P 水解，一部分被提取出来。在浸提液中由于 Ca、Fe、Al 浓度较低，不会产生磷的再沉淀。

盐酸-氟化铵浸提法通过两种作用释放土壤中的有效磷：①在酸性条件下，NH_4F 中 F 和 Fe-P、Al-P 中的 Fe、Al 形成络合物，从而释放有效磷。②通过稀酸溶解部分磷。该方法适用于酸性土壤，不适用于石灰性土壤，因为提取剂中的酸很容易被石灰中和，还有可能形成 CaF_2，导致磷的再沉淀或再吸附，使结果偏低。

三、实验仪器、器皿和试剂

1. 仪器与器皿

往复振荡机、分光光度计或光电比色计。

2. 试剂

(1) 0.5 mol/L 碳酸氢钠溶液 (pH=8.5) (用于 Olsen 浸提法)：称取 42.0 g 碳酸氢钠 ($NaHCO_3$，分析纯) 溶于约 800 mL 蒸馏水中，稀释至约 990 mL，用 4.0 mol/L 氢氧化钠溶液调节 pH 至 8.5 (用 pH 计测定)。最后稀释到 1 L，保存于塑料瓶中，但保存不宜过久。

(2) 无磷活性炭粉：先将活性炭粉用 1：1 HCl 浸泡过夜，然后在平板漏斗上抽气过滤。用水洗到无 Cl 为止。再用碳酸氢钠溶液 (试剂 1) 浸泡过夜，在平板漏斗上抽气过滤，用水洗去 $NaHCO_3$，最后检查到无磷为止，烘干备用。

(3) 盐酸 (0.025 mol/L)-氟化铵 (0.03 mol/L) 溶液 (用于 Bray 浸提法)：取 1.11 g 氟化铵 (NH_4F，分析纯) 溶于 800 mL 蒸馏水中，加盐酸 (1.0 mol/L) 25 mL，然后稀释至 1 L，储于塑料瓶中。

(4) 0.8 mol/L 硼酸溶液：称取 49.0 g 硼酸 (H_3BO_3，分析纯) 溶于约 900 mL 热水中，冷却后稀释至 1 L。

(5) 其余试剂同土壤全磷测定一致。

四、操作步骤

(1) 中性土壤、石灰性土壤 (Olsen 浸提法)：称取过 2 mm 筛孔的风干土壤样品 5 g (精确至 0.01 g)，置于 250 mL 三角瓶中，加入一小匙无磷活性炭粉 (试剂 2) 和 100 mL 碳酸氢钠溶液 (试剂 1)，在 25℃下振荡 30 min (150～180 r/min)，取出后用干燥漏斗和无磷滤纸过滤于三角瓶中。同时做试剂空白试验。吸取土壤提取液 10～20 mL (含 5～25 μg P) 置于 50 mL 容量瓶中，加 2,4-二硝基酚指示剂 2 滴，用稀 H_2SO_4 和稀 NaOH 溶液调节 pH 至溶液刚呈微黄色 (小心慢加，边加边摇，

防止产生的 CO_2 使溶液喷出瓶口），等 CO_2 充分放出后，用钼锑抗比色法测定（同土壤全磷测定）。同时做试剂空白试验。

(2)酸性土壤（Bray 浸提法）：称取过 2 mm 筛孔的风干土壤样品 5 g（精确至 0.01 g），置于 150 mL 塑料瓶中，加入 50 mL 盐酸-氟化铵溶液（试剂 3），在 25℃ 下振荡 30 min（150～180 r/min），取出后立即用干燥漏斗和无磷滤纸过滤于塑料瓶中。吸取滤液 10～20 mL（含 5～25 μg P）置于 50 mL 容量瓶中，加入 10 mL 硼酸溶液（试剂 4），再加入 1 滴 2,4-二硝基酚指示剂，用稀 HCl 和 NaOH 溶液调节 pH，至待测液呈微黄色，用钼锑抗比色法测定磷（同土壤全磷测定）。同时做试剂空白试验。

(3)具体操作流程见图 8.4。

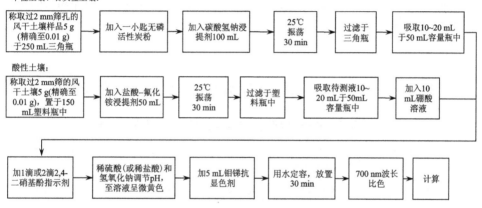

图 8.4　土壤有效磷测定流程图

五、结果计算

$$\omega(P) = \frac{\rho \times V \times t_s \times 10^{-3}}{m} \times 1000$$

式中，$\omega(P)$ 为土壤有效磷的质量分数（mg/kg）；ρ 为从工作曲线中获得的显色液中磷的浓度（mg/L）；V 为显色液定容体积（mL）；t_s 为分取倍数（t_s=浸提液定容体积/吸取体积）；10^{-3} 为单位换算系数；m 为土壤样品质量（烘干重，g）；1000 为换算成每千克土含量的系数。

六、注意事项

(1)要求吸取的待测液中含磷 5～25 μg，事先可以吸取一定量的待测液，显色后用目测法观察颜色深度，然后估算出应该吸取的待测液体积。

（2）氟离子对玻璃有腐蚀作用，应使用塑料器皿。另外，在吸取溶液前，可先在玻璃容量瓶中加入一定量的硼酸溶液与溶液中氟离子络合。

（3）活性炭一定要洗至无磷无氯（将活性炭用 1∶1 盐酸浸泡过夜，用提取液碳酸氢钠浸泡数次，再用蒸馏水洗到无氯离子为止，烘干备用）。

（4）温度对碳酸氢钠提取有效磷的影响很大，建议所有批次样品都在 25℃恒温室中进行。所有试剂在添加前也需放在恒温室中至恒温。

（5）吸取待测液（NaHCO₃提取）调节 pH 时，会有大量的气泡产生，在加入显色液摇匀时可能会使溶液喷出造成损失。因此，最好在前一天先将吸取好的溶液粗略调一次 pH，放置过夜，到第二天早上重新调，这样能将气泡尽量赶净，不会出现喷溅现象。

（6）溶液显色以后，可以用目测法观察一遍，对于个别颜色特别深和浅的样品需调整浸提液吸取量，重新比色。

七、实验案例

表 8.2 展示了基于 CERN 长期观测的典型土壤类型土壤有效磷含量。

表 8.2　基于 CERN 长期观测的典型土壤类型土壤有效磷含量

中国土壤发生分类	地点	经度	纬度	有效磷/(mg/kg)
干旱冲积新成土	新疆阿克苏	80°51′E	40°37′N	8.6±2.4
黄绵土	陕西安塞	109°19′23″E	36°51′30″N	12.4±4.6
风沙土	新疆策勒	80°43′45″E	37°00′57″N	16±10.4
水稻土	江苏常熟	120°41′53″E	31°32′56″N	10.3±3.9
黑垆土	陕西长武	107°40′E	35°12′N	15.6±5.6
灰漠土	新疆阜康	87°45′E	43°45′N	24.1±6.2
潮土	河南封丘	114°24′E	35°00′N	10.9±2.8
石灰土	广西环江	108°18′E	24°43′N	8.1±4.2
黑土	黑龙江海伦	126°55′E	47°27′N	31.9±5.3
褐土	河北栾城	114°41′E	37°53′N	16.7±8.2
潮土	西藏拉萨	91°20′37″E	29°40′40″N	48.6±18.9
干旱砂质新成土	甘肃临泽	100°07′E	39°21′N	18.5±7.6
风沙土	内蒙古奈曼	120°42′E	42°55′N	17.4±8.4
水稻土	江西千烟洲	115°04′13″E	26°44′48″N	14.5±6.9
灌淤土	宁夏沙坡头	104°57′E	37°27′N	7.8±3.1
棕壤	辽宁沈阳	123°24′E	41°31′N	15.7±3.5

续表

中国土壤发生分类	地点	经度	纬度	有效磷/(mg/kg)
水稻土	湖南桃源	111°27′E	28°55′N	18.3±12.2
潮土	山东禹城	116°22′E	36°40′N	34.2±36.9
紫色土	四川盐亭	105°27′E	31°16′N	9.8±4.3
红壤	江西鹰潭	116°55′42″E	28°12′21″N	14.5±8.4

资料来源：中国生态系统研究网络土壤分中心。

思考与讨论

1. 土壤有效磷浸提剂有很多种，谈谈如何选择合适的浸提剂。
2. 土壤有效磷测定的主要流程和注意事项。

第四节　土壤全钾测定

钾是植物生长所必需的一种元素。土壤全钾含量的大小能够反映土壤潜在的供钾能力。一般而言，全钾含量较高的土壤，其缓效钾和速效钾的含量也相对较高。因此，测定土壤全钾含量对了解土壤的供钾潜力及合理分配和施用钾肥，特别是制定大范围的肥料管理策略具有十分重要的意义。本节介绍土壤全钾的测定方法。

一、实验目的

了解土壤全钾的测定方法，掌握氢氟酸-高氯酸消煮法测定土壤全钾的操作流程和注意事项。

二、测定方法与原理

1. 测定方法

要分析土壤全钾，首先需要彻底分解土壤样品。一般分为酸溶法和碱熔法。碱熔法(碳酸钠或氢氧化钠熔融)是分解土壤样品最完全的方法，但它需要使用铂坩埚、银坩埚或镍坩埚，而且制备的待测液中有大量钠盐，会影响仪器测定。目前广泛采用的是氢氟酸-高氯酸消煮法，该法不存在钠盐干扰，可使用仪器分析，在同一待测液中还可测定其他多种元素，并可用聚四氟乙烯器皿、微波炉和高压釜等消煮手段代替铂坩埚和高温电炉，操作简便。尽管该方法对样品分解不够完全，但在分析允许误差之内。本节主要介绍氢氟酸-高氯酸消煮法。

2. 方法原理

氢氟酸-高氯酸消煮法是最常用的测定全钾和全钠的方法。氢氟酸(HF)中的 F 和 Si 反应分解硅酸盐矿物，矿物晶格中的钾转变成可溶性钾形态，反应形成的 SiF_4 在强酸存在的条件下可以加热挥发。高浓度的高氯酸($HClO_4$)在高温条件下是很强的氧化剂，可以分解土壤样品中的有机质。同时，$HClO_4$ 还可以有效地去除样品中多余的 HF。

三、实验仪器、器皿和试剂

1. 仪器与器皿

聚四氟乙烯坩埚(30 mL)、火焰光度计。

2. 试剂

(1)氢氟酸[ω(HF)≈40%，分析纯]。
(2)高氯酸[ω($HClO_4$)≈70%～72%，分析纯]。
(3)盐酸[ω(HCl)≈36%～38%，分析纯]。
(4)3 mol/L 盐酸溶液：盐酸(试剂 3)与水按 1∶3 体积混合。
(5)100 mg/L 钾标准溶液：称取 0.1907 g 氯化钾(KCl，分析纯，105℃烘 2 h)溶于蒸馏水，稀释定容至 1 L。

四、操作步骤

(1)消化液的制备：同全磷的消解步骤。
(2)测定：吸取 10.00 mL 消化液置于 50 mL 容量瓶中，用水定容，得到待测液，在火焰光度计上与钾标准溶液同条件测定。
(3)工作曲线：分别吸取 100 mg/L 钾标准溶液(试剂 5)0.00 mL、2.00 mL、4.00 mL、6.00 mL、8.00 mL、10.00 mL、20.00 mL 置于 50 mL 容量瓶中，加入 1 mL 3 mol/L 盐酸溶液(试剂 4)，用蒸馏水定容，可获得 0.00 mg/L、4.00 mg/L、8.00 mg/L、12.00 mg/L、16.00 mg/L、20.00 mg/L、40.00 mg/L 钾标准溶液，用 0.00 mg/L 的钾溶液调节仪器零点，然后由低到高依序测定钾标准溶液。
(4)具体操作流程见图 8.5。

五、结果计算

$$\omega(K) = \frac{\rho \times V \times t_s \times 10^{-6}}{m} \times 1000$$

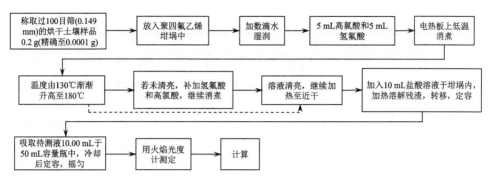

图 8.5 土壤全钾测定流程图

式中，$\omega(K)$ 为土壤全钾的质量分数 (g/kg)；ρ 为从工作曲线中获得的显色液中钾的浓度 (mg/L)；V 为显色液定容体积 (mL)；t_s 为分取倍数（t_s=消煮液定容体积/吸取体积）；10^{-6} 为单位换算系数；m 为土壤样品质量（烘干重，g）；1000 为换算成每千克土含量的系数。

六、注意事项

(1) 整个消煮过程要在通风橱中进行。

(2) 消煮完全的标准是在高氯酸冒烟时，坩埚内容物应清澈见底。若有沉淀物，应取下坩埚，待其稍冷后再加氢氟酸和高氯酸继续消煮，直至消煮完全。

(3) 待测液中不能有氟离子存在，否则影响测定结果。因此，消煮溶液清亮，并继续加热至近干后，再次加高氯酸时应沿坩埚壁加入，以洗净可能存在的氟离子。

(4) 在赶尽高氯酸过程中应注意控制温度不宜太高，以防止聚四氟乙烯坩埚被烧漏。

七、实验案例

表 8.3 展示了基于 CERN 长期观测的典型土壤类型土壤全钾含量。

表 8.3 基于 CERN 长期观测的典型土壤类型土壤全钾含量

中国土壤发生分类	地点	经度	纬度	全钾/(g/kg)
干旱冲积新成土	新疆阿克苏	80°51′E	40°37′N	15.31±3.11
黄绵土	陕西安塞	109°19′23″E	36°51′30″N	17.48±1.38
风沙土	新疆策勒	80°43′45″E	37°00′57″N	16.48±1.18
水稻土	江苏常熟	120°41′53″E	31°32′56″N	17.61±2.68
黑垆土	陕西长武	107°40′E	35°12′N	20.82±1.43

续表

中国土壤发生分类	地点	经度	纬度	全钾/(g/kg)
灰漠土	新疆阜康	87°45′E	43°45′N	23.06±1.96
潮土	河南封丘	114°24′E	35°00′N	17.06±2.97
石灰土	广西环江	108°18′E	24°43′N	6.98±0.84
黑土	黑龙江海伦	126°55′E	47°27′N	21.04±1.76
褐土	河北栾城	114°41′E	37°53′N	19.87±5.05
潮土	西藏拉萨	91°20′37″E	29°40′40″N	30.02±3.14
干旱砂质新成土	甘肃临泽	100°07′E	39°21′N	16.45±2.16
风沙土	内蒙古奈曼	120°42′E	42°55′N	23.24±5.81
水稻土	江西千烟洲	115°04′13″E	26°44′48″N	7.92±1.49
灌淤土	宁夏沙坡头	104°57′E	37°27′N	18.28±1.91
棕壤	辽宁沈阳	123°24′E	41°31′N	15.47±0.58
水稻土	湖南桃源	111°27′E	28°55′N	12.66±1.29
潮土	山东禹城	116°22′E	36°40′N	18.52±2.33
紫色土	四川盐亭	105°27′E	31°16′N	21.39±1.74
红壤	江西鹰潭	116°55′42″E	28°12′21″N	13.56±2.11

资料来源：中国生态系统研究网络土壤分中心。

思考与讨论

1. 试述氢氟酸-高氯酸消煮法测定土壤全钾的原理。
2. 简述氢氟酸-高氯酸消煮法测定土壤全钾的流程与注意事项。

第五节　土壤速效钾测定

　　土壤速效钾包括水溶性钾和交换性钾。交换性钾是指受静电引力而吸附在土壤胶体表面，并能被溶液中的阳离子在短时间内代换的钾。在测定土壤交换性钾时，如果不减去水溶性钾，所测结果就是速效钾。土壤速效钾是最能直接反映土壤供钾能力的指标，与作物吸钾量之间往往有比较好的相关性。本节介绍土壤速效钾的测定方法。

一、实验目的

　　了解土壤速效钾的提取测定方法，掌握中性乙酸铵溶液提取土壤速效钾的操作步骤。

二、测定方法与原理

1. 测定方法

由于交换性钾的定义十分明确，因此，凡是能通过交换作用代换这部分钾的试剂，都可以作为提取剂，如硝酸钠($NaNO_3$)、乙酸钠(CH_3COONa)、氯化钙($CaCl_2$)、氯化钡($BaCl_2$)、硝酸铵(NH_4NO_3)和乙酸铵(CH_3COONH_4)等，但不同浸提剂所测得的结果不一致。最常用的提取剂是中性乙酸铵溶液(1 mol/L)。用NH_4^+作为K^+的代换离子有其他离子不能取代的优越性，因为NH_4^+与K^+的半径相近，水化能也相似，这样NH_4^+才能有效取代土壤矿物表面的交换性钾，同时NH_4^+进入矿物层间，能有效地引起层间收缩，不会使矿物层间的非交换性钾释放出来。因此NH_4^+可以将土壤颗粒表面的交换性钾和矿物层间的非交换性钾区分开来，不会因提取时间和淋洗次数的增加而显著增加钾提取量，测得的交换性钾结果比较稳定，重现性好，而且乙酸铵提取剂对火焰光度计测钾没有干扰。

2. 方法原理

当中性乙酸铵溶液与土壤样品混合后，溶液中的NH_4^+与土壤颗粒表面的K^+进行交换，取代下来的K^+和水溶性K^+一起进入溶液。提取液中的钾可直接用火焰光度计测定。

三、实验仪器、器皿和试剂

1. 仪器和器皿

往复振荡机、火焰光度计。

2. 试剂

(1)1.0 mol/L 乙酸铵溶液：称取 77.08 g 乙酸铵(CH_3COONH_4，分析纯)溶于近 1 L 蒸馏水中，用稀乙酸或氨水调至 pH 为 7.0，然后定容。

(2)钾标准溶液：吸取 100 mg/L 标准液(本章第四节)0.00 mL、2.00 mL、5.00 mL、10.00 mL、20.00 mL、40.00 mL 分别放入 100 mL 容量瓶中，用乙酸铵溶液定容，即得到 0 mg/L、2 mg/L、5 mg/L、10 mg/L、20 mg/L、40 mg/L 的钾标准系列溶液。

四、操作步骤

(1)称取风干土壤样品(颗粒<2 mm)5 g(精确至 0.01 g),置于 200 mL 塑料瓶(三角瓶)中,加 50.0 mL 乙酸铵溶液(试剂 1),用橡皮塞塞紧,在往复式振荡机上以 120 r/min 的速度振荡 30 min,振荡时最好恒温,但对温度要求不太严格,一般在 20~25℃即可。然后悬浮液用干滤纸过滤,其滤液可直接用火焰光度计测定钾。

(2)具体操作流程见图 8.6。

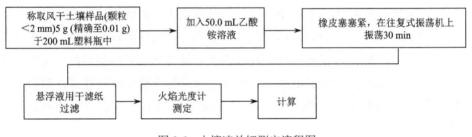

图 8.6　土壤速效钾测定流程图

五、结果计算

$$\omega(K) = \frac{\rho \times V \times t_s \times 10^{-3}}{m} \times 1000$$

式中,$\omega(K)$ 为土壤速效钾的质量分数(mg/kg);ρ 为从工作曲线中获得的显色液中钾的浓度(mg/L);V 为显色液定容体积(mL);t_s 为分取倍数(t_s=浸提液定容体积/吸取体积);10^{-3} 为单位换算系数;m 为土壤样品质量(烘干重,g);1000 为换算成每千克土含量的系数。

六、注意事项

(1)乙酸铵浸提剂必须调节 pH 至中性。土壤样品加入乙酸铵溶液后,不宜放置过久,否则可能有一部分矿物钾转入溶液中,使速效钾量偏高。

(2)用乙酸铵溶液配制的钾标准溶液容易生霉菌变质,影响测定结果,所以标准溶液一次不能配制太多。

七、实验案例

表 8.4 展示了基于 CERN 长期观测的典型土壤类型土壤速效钾含量。

表 8.4 基于 CERN 长期观测的典型土壤类型土壤速效钾含量

中国土壤发生分类	地点	经度	纬度	速效钾/(mg/kg)
干旱冲积新成土	新疆阿克苏	80°51′E	40°37′N	114±36
黄绵土	陕西安塞	109°19′23″E	36°51′30″N	99±18
风沙土	新疆策勒	80°43′45″E	37°00′57″N	155±34
水稻土	江苏常熟	120°41′53″E	31°32′56″N	139±34
黑垆土	陕西长武	107°40′E	35°12′N	136±18
灰漠土	新疆阜康	87°45′E	43°45′N	280±72
潮土	河南封丘	114°24′E	35°00′N	90±33
石灰土	广西环江	108°18′E	24°43′N	93±29
黑土	黑龙江海伦	126°55′E	47°27′N	150±25
褐土	河北栾城	114°41′E	37°53′N	106±17
潮土	西藏拉萨	91°20′37″E	29°40′40″N	46±17
干旱砂质新成土	甘肃临泽	100°07′E	39°21′N	95±28
风沙土	内蒙古奈曼	120°42′E	42°55′N	111±28
水稻土	江西千烟洲	115°04′13″E	26°44′48″N	22±8
灌淤土	宁夏沙坡头	104°57′E	37°27′N	98±15
棕壤	辽宁沈阳	123°24′E	41°31′N	91±18
水稻土	湖南桃源	111°27′E	28°55′N	82±31
潮土	山东禹城	116°22′E	36°40′N	160±65
紫色土	四川盐亭	105°27′E	31°16′N	131±34
红壤	江西鹰潭	116°55′42″E	28°12′21″N	148±52

资料来源：中国生态系统研究网络土壤分中心。

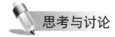

思考与讨论

1. 简述用中性乙酸铵溶液作为土壤交换性钾浸提剂的优点。

2. 简述中性乙酸铵溶液浸提–火焰光度法测定土壤速效钾的原理与注意事项。

第九章　土壤微生物性质测定

土壤微生物是土壤环境的重要组成部分，是土壤有机质转化和养分循环的主要动力，也是土壤有效养分的重要储库。作为土壤生态系统中最为活跃的部分，土壤微生物与土壤形成和发育、土壤肥力、土壤健康等息息相关，且对土壤环境的扰动较为敏感。因此，全面地了解特定土壤生态系统中土壤微生物的数量(population)、生物量(biomass)、活性(activity)、组成(composition)和多样性(diversity)特征(图 9.1)，对于客观评价土壤质量及有效利用土壤资源具有重要的意义。本章介绍微生物生物量、微生物数量、微生物活性及群落组成等的测定方法。

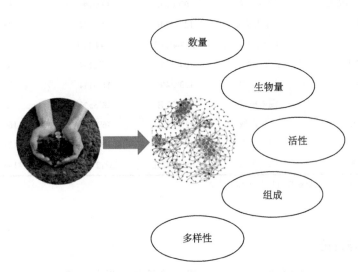

图 9.1　土壤微生物数量、生物量、活性、组成与多样性

第一节　土壤微生物生物量的测定

土壤微生物生物量(soil microbial biomass)是指土壤中体积小于 $5 \times 10^3 \ \mu m^3$ 的活微生物总量,是土壤有机质中最活跃和最易变化的部分,约占土壤有机质的 3%,与土壤碳、氮、磷、硫等物质循环密切相关，其变化可直接或间接地反映耕作制度、水肥管理、农用化学品投入、重金属污染等对土壤质量的影响。研究土壤微

生物生物量不仅有助于了解土壤的养分转化和供应状况，评价土壤肥力和土壤质量，还对制定提高土壤健康状况的管理措施具有重要的指导意义。本节介绍土壤微生物生物量的测定方法。

一、实验目的

了解不同土壤微生物生物量测定方法的优缺点，掌握氯仿熏蒸提取法测定土壤微生物生物量碳(microbial biomass carbon, MBC)、土壤微生物生物量氮(microbial biomass nitrogen, MBN)的实验原理及操作步骤。

二、测定方法与原理

1. 测定方法

由于土壤自身的复杂性及土壤微生物的高度多样性，至今尚未建立起一种简单、快速、准确且适应性广的土壤微生物生物量的测定方法。目前，土壤微生物生物量的测定方法主要包括氯仿熏蒸培养法、氯仿熏蒸提取法、底物诱导呼吸法、磷脂脂肪酸分析法和三磷酸腺苷(adenosine triphosphate, ATP)生物发光法。

2. 方法原理

1)氯仿熏蒸培养法的基本原理

新鲜土壤经氯仿熏蒸处理后释放的微生物细胞内容物可被新加入土壤中的微生物按一定比例矿化而释放出 CO_2，通过测定熏蒸土壤与未熏蒸土壤在一定培养期内释放的 CO_2 差值，并根据矿化比例即可估算土壤微生物生物量碳。同样地，根据熏蒸土壤与未熏蒸土壤在一定培养期内无机氮(NO_3^- 和 NH_4^+)含量的差值及矿化比例可估算土壤微生物生物量氮。

2)氯仿熏蒸提取法的基本原理

新鲜土壤经氯仿熏蒸处理后释放的微生物细胞内容物使土壤中可提取的碳、氮、磷、硫等大幅度增加，且能被特定的溶液按一定比例提取出来，通过测定熏蒸土壤与未熏蒸土壤浸提液中有机碳、氮、磷、硫的差值，并根据换算系数(提取效率)即可估算土壤微生物生物量碳、氮、磷和硫。

3)底物诱导呼吸法的基本原理

新鲜土壤中加入的易分解底物在培养初期时的分解速率与土壤微生物生物量呈正相关关系，通过测定培养初期外源底物诱导产生的 CO_2 呼吸量，即可换算成底物分解速率，根据转换系数可估算土壤微生物生物量。通过抗生素选择性抑制细菌(放线菌酮)或真菌(链霉素)的代谢活性，可分别测定细菌和真菌的生物量。

4) 磷脂脂肪酸分析法的基本原理

磷脂是所有活体微生物细胞膜的重要组成成分，其含量相对恒定，且与微生物生物量具有一定的比例关系，通过提取和测定土壤中磷脂脂肪酸的含量，经转化系数换算后可估算土壤微生物生物量。而且不同微生物类群可通过不同的生化途径形成不同的磷脂脂肪酸，其含量和结构与微生物的分类地位密切相关，因此通过磷脂脂肪酸分析结合数据库比对还能获得细菌、放线菌、真菌等不同微生物类群的生物量。此外，磷脂脂肪酸分析法还可以用于测定土壤微生物的群落结构和多样性。

5) 三磷酸腺苷(ATP)生物发光法的基本原理

ATP 存在于所有的活细胞中，其含量相对稳定，且与生物量碳浓度呈一定的线性关系，同时其引发荧光素-荧光素酶复合物反应发出的荧光强度与 ATP 量成正比。因此，通过有效提取土壤中的 ATP，利用生物荧光反应测定其含量，经换算可得土壤微生物生物量。

上述各种测定方法都有其优点、缺点和适用范围，可以根据土壤自身的特点、实验室所配备的仪器设备和条件及研究的目的，综合选择适宜的测定方法(表 9.1)。氯仿熏蒸提取法具有操作相对简单、快速、适用范围广等优点，成为目前使用最为广泛的测定方法。本节以氯仿熏蒸提取法为例，介绍土壤微生物生物量碳、氮的提取和分析测定方法。

三、实验仪器和试剂

1. 仪器

恒温培养箱、真空干燥器、真空泵(图 9.2)、往复式振荡机、总有机碳(total organic carbon, TOC)分析仪、流动分析仪。

2. 试剂

(1) 无乙醇氯仿($CHCl_3$)：市售的氯仿一般都添加 1%的乙醇作为稳定剂，因此使用前必须去除乙醇。具体方法如下：将市售氯仿按照 1：2(体积分数)的比例与去离子水一起置于分液漏斗中，充分摇匀后弃去上部水分，如此进行 3 次。将下层的氯仿转移至蒸馏瓶中，在 62℃的水浴中蒸馏，馏出液存放在棕色瓶中，并加入适量无水 $CaCl_2$(或 K_2CO_3)，在冰箱冷藏保存备用。

(2) 0.5 mol/L 硫酸钾溶液：称取硫酸钾(K_2SO_4，化学纯)87.1 g，溶于去离子水中，稀释至 1 L。

(3) 0.4000 mol/L 重铬酸钾(1/6)溶液：称取经 130℃烘干 2～3 h 的重铬酸钾($K_2Cr_2O_7$，分析纯)19.622 g，溶于去离子水中，定容至 1 L。

表 9.1 不同土壤微生物生物量测定方法的适用范围及优缺点

方法名称	不适用土壤	测定范围	优点	缺点
氯仿熏蒸培养法	风干土，pH<4.5 或含较多易分解有机物的土壤，需慎重用于渍水土壤和石灰性土壤	微生物碳、氮	操作简单	培养时间较长，不适合快速测定
氯仿熏蒸提取法	无	微生物碳、氮、磷、硫	简单、快速、适用范围广，适用于大批量样品的分析，可与同位素相结合开展研究	对于可提取有机碳含量较高的土壤，微生物量碳的测定准确性会下降；碱性土壤中的 Ca^{2+} 易与提取液中 SO_4^{2-} 发生沉淀反应，影响提取效率
底物诱导呼吸吸法	含较多新鲜有机底物的土壤、碱性土壤	微生物生物量、细菌微生物量、真菌生物量	操作简单、耗费低、适用范围广，通过选择性抑制可分别测定细菌和真菌的微生物生物量	仅能测定土壤微生物生物量，且易受土壤 pH 和含水量的影响；采用氯仿熏蒸培养法校准，校正系数具有不确定性
磷脂脂肪酸分析法	风干土	微生物生物量	可原位直接提取，避免培养环节；精确度较高，且能快速处理大量样品，可用于研究微生物群落结构组成	操作较为麻烦，目前无法确定特定微生物类群与特定磷脂脂肪酸的一一对应的，且通量较低
三磷酸腺苷生物发光法	风干土，含磷量较高的土壤	微生物生物量	简单、快速、灵敏度高，适用于大批量样品的分析	ATP 含量易受微生物活性、生长时间及生活环境条件而波动变化，且不同微生物类群的 ATP 含量差异较大，提取效率受诸多因素影响；土壤中 ATP 的提取多不理想；荧光素-荧光素酶试剂价格较为昂贵

图 9.2　氯仿熏蒸装置图(韩成摄)

真空泵(左)和真空干燥器(右)

(4)邻菲咯啉指示剂：称取邻菲咯啉($C_{12}H_8N_2 \cdot H_2O$，分析纯)1.485 g，溶于含有 0.695 g 硫酸亚铁($FeSO_4 \cdot 7H_2O$，化学纯)的 100 mL 去离子水中，密闭保存于棕色瓶中。

(5)0.05 mol/L 硫酸亚铁溶液：称取硫酸亚铁($FeSO_4 \cdot 7H_2O$，化学纯)13.90 g，溶解于 600 mL 去离子水中，加浓硫酸(化学纯)20 mL，搅拌均匀，定容至 1 L，于棕色瓶中保存。

(6)硫酸亚铁溶液浓度的标定：吸取 0.4000 mol/L 重铬酸钾(1/6)标准溶液(试剂 3) 10.00 mL 于 100 mL 三角瓶中，加水约 20 mL，加浓硫酸 3 mL 和邻菲咯啉指示剂(试剂 4)2～3 滴，用配制的上述 0.05 mol/L 硫酸亚铁溶液(试剂 5)滴定，根据硫酸亚铁溶液的消耗量即可计算硫酸亚铁溶液的准确浓度。由于硫酸亚铁溶液不稳定，每次使用时需重新标定。

(7)1 mol/L 氢氧化钠溶液：称取 40.0 g 氢氧化钠(NaOH，分析纯)溶于蒸馏水中，稀释至 1 L。

(8)碳酸钠标准溶液：准确称取 0.100 g 无水碳酸钠，溶于 50 mL 水中，用于标定酸标准溶液[参照《化学试剂　标准滴定溶液的制备》(GB/T 601—2016)]。

(9)0.1 mol/L 盐酸溶液(或硫酸溶液)：吸取 8.4 mL 浓盐酸，用水定容到 1 L (或吸取 5.4 mL 浓硫酸，缓缓加入 200 mL 水中，冷却后，定容到 1 L)。

(10)0.02 mol/L 盐酸标准溶液：将 0.1 mol/L 盐酸溶液(试剂 9)准确稀释 5 倍，即获得 0.02 mol/L 的盐酸标准溶液，用碳酸钠标准溶液(试剂 8)标定。

(11)10 mol/L 氢氧化钠溶液：称取 400 g 氢氧化钠放入 1 L 的烧杯中，加入 500 mL 无 CO_2 蒸馏水溶解。冷却后，用无 CO_2 蒸馏水稀释至 1 L，充分混匀，储存于塑料瓶中。

四、操作步骤

1. 熏蒸

称取相当于 20 g(精确至 0.1 g)烘干土重的新鲜土壤(过 2mm 筛)放置于 100 mL 玻璃瓶中，放入真空干燥器中，干燥器底部放置几张用水湿润的滤纸，同时分别放入一个装有约 30 mL 无乙醇氯仿(试剂 1，同时加入少量抗暴沸的物质，如玻璃片)和一个装有 50 mL 氢氧化钠溶液(试剂 7)的烧杯，用少量凡士林密封干燥器，连通真空泵，抽气至氯仿沸腾并保持 3~5 min。关闭干燥器阀门，将干燥器置于恒温培养箱中，于 25℃黑暗条件下放置 24 h。同时，称取同样质量的土壤样品置于另一真空干燥器中，不进行熏蒸处理，作为对照。每个土壤样品设置 4 个熏蒸重复和 3 个不熏蒸对照。当干燥器不漏气时，取出装有氢氧化钠和氯仿的烧杯，氯仿倒回瓶中可重复使用。擦净干燥器底部，用真空泵反复抽气，直到土壤中闻不到氯仿气味为止。

2. 浸提

分别将熏蒸处理过的土壤样品和未进行熏蒸处理的对照土壤样品转移至 250 mL 塑料瓶中，加入 100 mL 0.5 mol/L 硫酸钾溶液(试剂 2)，密封后置于往复式振荡机上振荡浸提 30 min，振荡结束后用定量滤纸过滤，滤液立即测定或在 –20℃冰箱冷冻密封保存。

以上两步的流程如图 9.3 所示。

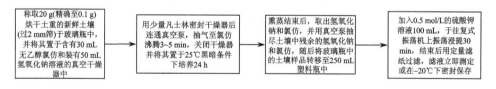

图 9.3　氯仿熏蒸与硫酸钾浸提流程

3. 微生物生物量碳的测定

1)容量分析法

准确吸取浸提液 5.0 mL 置于 50 mL 消煮管中，加入 0.4000 mol/L 重铬酸钾(1/6)标准溶液(试剂 3)2.0 mL，浓硫酸 5.0 mL，摇动消煮管使其充分混匀，接上冷凝管后置于消煮炉上缓慢加热(150℃)微沸约 2 h，冷却 30 min 后用少量蒸馏水冲洗冷凝管，随后将消煮管中的溶液转移至 100 mL 三角瓶中，加入 2~3 滴邻菲啰啉指示剂(试剂 4)，用 0.05 mol/L 硫酸亚铁标准溶液(试剂 5)进行滴定，溶液由橙色经亮绿色到滴定终点砖红色，记录硫酸亚铁标准溶液的用量，同时设置空白对照。

有机碳(E_C)的计算：

$$E_C = (V_0 - V_S) \times c(FeSO_4) \times 3 \times 1.08 \times t_s \times 1000/m$$

式中，E_C 为有机碳量(mg/kg)；V_0、V_S 分别为滴定空白、土壤样品所消耗的 $FeSO_4$ 体积(mL)；$c(FeSO_4)$ 为 $FeSO_4$ 溶液浓度(mol/L)；3 为 1/4 碳的摩尔质量(g/mol)；1.08 为氧化校正系数；t_s 为稀释倍数；1000 为克转化成千克的转换系数；m 为烘干土质量(g)。

2)仪器分析法

量取浸提液约 5.0 mL 置于 10 mL 样品瓶中，加入 5.0 mL 2 mol/L 盐酸溶液，用总有机碳(TOC)自动分析仪直接测定有机碳含量。

4. 微生物生物量氮的测定

1)凯氏定氮法

准确吸取 10.0 mL 浸提液置于 50 mL 消煮管中，加入硫酸钾-硫酸铜混合催化剂(K_2SO_4：Cu_2SO_4 =10：1)3 g，再加入 5 mL 浓硫酸及少量瓷片(防暴沸)，摇匀后在 370℃下消煮至液体变清(约 3 h)，待消化液冷却后，将其转移至凯氏烧瓶，然后向蒸馏室中加入适量(至少 25 mL)氢氧化钠溶液(试剂 12)后，用定氮仪进行蒸馏，用盐酸标准溶液(试剂 11)滴定定氮，同时设置空白对照。

全氮(E_N)的计算：

$$E_N = (V_S - V_0) \times c(HCl) \times 14 \times t_s \times 1000/m$$

式中，E_N 为全氮量(mg/kg)；V_0、V_S 分别为滴定空白、土壤样品所消耗的盐酸标准溶液体积(mL)；$c(HCl)$ 为盐酸标准溶液浓度(mol/L)；14 为氮的摩尔质量(g/mol)；t_s 为稀释倍数；1000 为克转化成千克的转换系数；m 为烘干土质量(g)。

2)仪器分析法

土壤熏蒸后，死亡微生物的部分氮素会以 NH_4^+-N 的形式释放而被 0.5 mol/L K_2SO_4 溶液提取出来，利用流动分析仪直接测定滤液中铵态氮的浓度，即可基于转换系数计算得到微生物生物量氮。其流程如图 9.4 所示。

五、结果计算

1. 微生物生物量碳(MBC)的计算

$$MBC = \frac{\Delta E_C}{K_{E_C}}$$

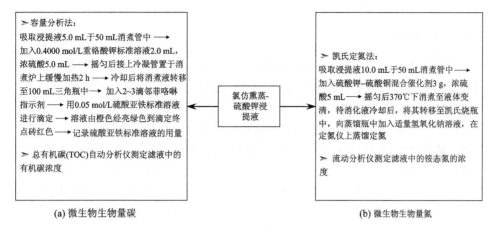

(a) 微生物生物量碳　　　　　　　　　　(b) 微生物生物量氮

图9.4　土壤微生物生物量碳、氮测定方法及流程

式中，MBC 为土壤微生物生物量碳的质量分数(mg/kg)；ΔE_C 为熏蒸土壤与未熏蒸土壤提取液有机碳含量之差(mg/kg)；K_{E_C} 为熏蒸提取法提取液中有机碳增量换算成土壤微生物生物量碳的转换系数，一般容量法 K_{E_C} 取值为 0.38，仪器分析法 K_{E_C} 取值为 0.45。

2. 微生物生物量氮(MBN)的计算

$$MBN = \frac{\Delta E_N}{K_{E_N}}$$

式中，MBN 为土壤微生物生物量氮的质量分数(mg/kg)；ΔE_N 为熏蒸土壤与未熏蒸土壤提取液全氮(铵态氮)含量之差(mg/kg)；K_{E_N} 为熏蒸提取法提取液中全氮(铵态氮)增量换算成土壤微生物生物量氮的转换系数，一般凯氏定氮法 K_{E_N} 取值为 0.54，仪器分析法 K_{E_N} 取值为 0.25。

六、注意事项

(1)市售氯仿含有乙醇，使用前应先去除；且氯仿致癌，需在通风橱内进行操作。

(2)用容量法测定滤液中有机碳含量时，若滴定样品消耗 $FeSO_4$ 的量小于空白对照的 1/3 或超过 2/3，应重做。

(3)浸提液盐浓度较高，冷藏保存时易析出结晶，因此冷藏保存样品，测定前需充分溶解混匀。

七、实验案例

研究稻麦轮作系统下不同施肥措施对土壤微生物生物量碳、氮的影响，共包括 6 个施肥处理：①不施肥对照（CK）；②常规氮磷钾肥（NPK）；③50%常规氮磷钾肥+6000 kg/hm² 猪粪有机肥（NPKM）；④常规氮磷钾肥+秸秆全量还田（NPKS）；⑤50%常规氮磷钾肥+6000 kg/hm² 猪粪有机肥+秸秆全量还田（NPKMS）；⑥30%常规氮磷钾肥+3600 kg/hm² 猪粪有机无机复合肥（NPKMOI）。每个处理 4 次重复，按随机区组排列。土壤样品分别于小麦（2012 年 6 月）和水稻（2012 年 10 月）收获以后采集，采用氯仿熏蒸-硫酸钾浸提法结合 liquiTOC Ⅱ总有机碳分析仪测定土壤微生物生物量碳、氮。表 9.2 展示了不同施肥措施对土壤微生物生物量碳、氮的影响。

表 9.2　不同施肥措施对土壤微生物生物量碳、氮的影响（Zhao et al., 2014）

种植季	处理	微生物生物量碳/(mg/kg)	微生物生物量氮/(mg/kg)
小麦季	CK	358.67 ± 93.32 c	21.39 ± 6.78 d
	NPK	460.64 ± 38.76 ab	28.60 ± 2.43 cd
	NPKM	514.30 ± 13.66 a	36.98 ± 3.84 abc
	NPKS	470.96 ± 96.25 ab	29.11 ± 3.07 bcd
	NPKMS	528.81 ± 67.50 a	38.85 ± 4.51 ab
	NPKMOI	540.85 ± 50.40 a	41.67 ± 4.46 a
水稻季	CK	262.85 ± 62.19 b	19.19 ± 6.91 b
	NPK	314.87 ± 49.54 ab	28.12 ± 2.90 ab
	NPKM	343.17 ± 61.06 ab	30.43 ± 8.88 ab
	NPKS	325.04 ± 93.96 ab	31.34 ± 2.25 ab
	NPKMS	366.55 ± 51.55 ab	33.16 ± 5.29 a
	NPKMOI	401.54 ± 48.10 a	36.03 ± 3.94 a

注：误差表示标准差（$n=4$），不同字母表示处理间差异显著（$P<0.05$）。

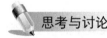

思考与讨论

1. 简述土壤微生物生物量的主要测定方法原理及其优缺点。

2. 简述氯仿熏蒸提取法测定土壤微生物生物量碳、氮的主要步骤和注意事项。

第二节　土壤微生物数量的测定

土壤是微生物的大本营，每克土壤中含有数以亿计的微生物细胞，它们可以驱动土壤养分循环、净化土壤环境、调节土壤生态系统。测定土壤中微生物的数量是研究土壤微生物性质的重要手段。本节介绍土壤微生物数量的测定方法。

一、实验目的

了解平板菌落计数法测定土壤微生物总数的原理，掌握土壤微生物平板菌落计数法的操作步骤，学会平板菌落计数的基本原则。

二、测定方法与原理

1. 测定方法

微生物的分离培养是微生物学研究不可替代的手段。平板菌落计数法是测定可培养活体微生物数量最常用的方法，广泛应用于土壤微生物数量测定。

2. 方法原理

土壤微生物经分散作用从土壤颗粒中释放进入土壤悬液，经稀释处理后得到适宜浓度的含有微生物单细胞(或孢子)的稀释液，利用涂布技术将微生物单细胞(或孢子)分散到特定的固体培养基上进行培养，单个或少量几个微生物细胞在固体培养基上生长繁殖形成菌落。根据菌落形成单位(colony forming unit, CFU)的数量计算土壤中微生物的数量，其单位为 CFU/g。

细菌、放线菌和真菌是土壤中重要的微生物群落成员。为了适宜上述三类不同微生物的生长，使用三种不同的固体培养基进行平板菌落计数：①采用牛肉膏蛋白胨琼脂培养基培养细菌；②采用高氏 1 号琼脂培养基培养放线菌；③采用马丁(Martin)琼脂培养基培养真菌。

三、实验仪器、器皿和试剂

(1)实验仪器：高压蒸汽灭菌器、恒温振荡器、恒温培养箱、无菌操作台、天平等。

(2)实验器皿：锥形瓶(250 mL)、试管(18 mm × 180 mm，含试管帽)、培养皿(90 mm)、移液管(10 mL、1.0 mL)、量筒(500 mL、100 mL)、玻璃珠(Φ5 mm、Φ1 mm)、酒精灯、涂布棒、玻璃棒、硅胶塞、烧杯、吸耳球等。

(3)实验试剂：牛肉膏、蛋白胨、可溶性淀粉、葡萄糖、孟加拉红、链霉素、琼脂粉、无水乙醇、KNO_3、K_2HPO_4、KH_2PO_4、$MgSO_4 \cdot 7H_2O$、NaCl、$FeSO_4 \cdot 7H_2O$、HCl、NaOH 等。

四、操作步骤

1. 微生物培养基的配置和灭菌

(1)牛肉膏蛋白胨琼脂培养基：牛肉膏 5 g，蛋白胨 10 g，NaCl 5 g，琼脂粉 15～20 g，蒸馏水 1000 mL。用 10% HCl 或 10% NaOH 调节 pH 至 7.0～7.2，121℃灭菌 20 min。

(2)高氏 1 号琼脂培养基：可溶性淀粉 20 g，KNO_3 1 g，K_2HPO_4 0.5 g，$MgSO_4 \cdot 7H_2O$ 0.5 g，NaCl 0.5 g，$FeSO_4 \cdot 7H_2O$ 0.01 g，琼脂粉 15～20 g，蒸馏水 1000 mL。配置时，先用少量冷水将可溶性淀粉调成糊状，再倒入适量沸水中，边加热边搅拌直至淀粉溶解。再依次加入其他成分，所有成分均溶化后补水至 1000 mL。用 10%HCl 或 10% NaOH 调节 pH 至 7.2～7.4，121℃灭菌 20 min。

(3)马丁琼脂培养基：葡萄糖 10 g，蛋白胨 5 g，KH_2PO_4 1 g，$MgSO_4 \cdot 7H_2O$ 0.5 g，1/3000 孟加拉红 100 mL，琼脂粉 15～20 g，蒸馏水 900 mL。自然 pH(无须调节酸碱度)，112℃灭菌 30 min；临用前加入 30 mg/mL 的链霉素 1 mL，使得链霉素终浓度为 30 mg/L。

(4)土壤稀释液：1 支 250 mL 锥形瓶装有 90 mL 蒸馏水、2 g 玻璃珠(Φ5 mm)和 1 g 玻璃珠(Φ1 mm)，硅胶塞封口；准备 6 支试管(18 mm × 180 mm)装有 9 mL 蒸馏水，用试管帽封口。121℃灭菌 20 min。

2. 土壤悬液稀释

将土壤样本混匀后过 2 mm 筛，去掉土壤中肉眼可见的植物根系及石子等。称取 10.00 g 土壤装在含有 90.0 mL 无菌水和玻璃珠(已灭菌)的 250 mL 锥形瓶(已灭菌)中，于 25℃、200 r/min 恒温振荡器中振荡 30 min，以充分释放土壤中的微生物，得到 10^{-1} 稀释度的土壤悬液。用无菌移液管(或无菌移液枪头)吸取混匀的 10^{-1} 稀释度土壤悬液 1.0 mL 转移到含有 9.0 mL 无菌水的试管(已灭菌)中，摇匀后得到 10^{-2} 稀释度土壤悬液；重复上述稀释过程，依次操作得到 10^{-3}、10^{-4}、10^{-5}、10^{-6}、10^{-7} 稀释度土壤悬液(图 9.5)。

3. 土壤悬液涂布

(1)倒平板：将灭菌的牛肉膏蛋白胨琼脂培养基、高氏 1 号琼脂培养基和马丁琼脂培养基加热熔化，冷却至 50～60℃。在无菌操作台中，右手持装有琼脂培养基的锥形瓶置于火焰旁边，用左手将锥形瓶塞轻轻地拔出，瓶口保持对着火焰，然后用右手手掌边缘或小指与无名指夹住瓶塞(如果锥形瓶内培养基一次用完,瓶塞则不必夹在手中)。左手拿培养皿(已灭菌)并将皿盖在火焰旁边打开一缝,迅速倒入培养基约 15 mL,盖好后轻轻摇动培养皿,使培养基均匀分布在培养皿底部,然后置于水平桌面上,待培养基凝固后即为平板。

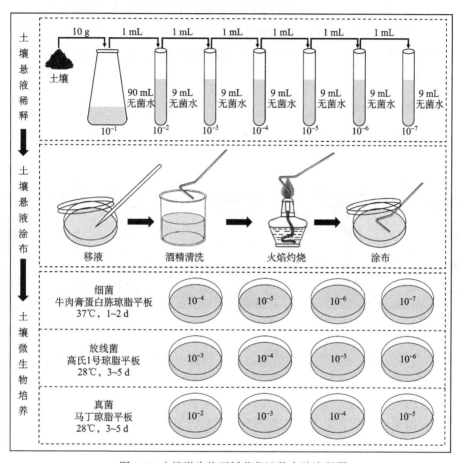

图9.5　土壤微生物平板菌落计数实验流程图

(2)涂布:细菌选择 10^{-4}、10^{-5}、10^{-6}、10^{-7} 稀释度,放线菌选择 10^{-3}、10^{-4}、10^{-5}、10^{-6} 稀释度,真菌选择 10^{-2}、10^{-3}、10^{-4}、10^{-5} 稀释度的土壤悬液。在无菌操作台中,用无菌移液管(或无菌移液枪头)吸取混匀的上述各稀释度土壤悬液 0.2 mL 加入凝固的平板中央,每个稀释度设置 4 个重复。将玻璃涂布棒蘸取无水乙醇后,用火焰燃尽涂布棒上的乙醇,重复上述操作 2~3 次,获得无菌的玻璃涂布棒;用冷却的无菌涂布棒将平板中央的 0.2 mL 土壤悬液均匀涂布,确保整个平板表面被土壤悬液覆盖,同时确保涂布棒没有触碰平板边缘。注意涂布时依靠玻璃涂布棒自身重量,避免用力将琼脂平板破坏。涂布完成后的玻璃涂布棒浸泡在乙醇中，用火焰燃尽涂布棒上的乙醇，重复 2～3 次以达到灭菌的目的。重复上述操作，将上述盛有不同稀释度土壤悬液的琼脂平板涂布操作全部完成(图 9.5)。

4. 土壤微生物培养

将涂布完成的细菌、放线菌和真菌平板正置于恒温培养箱中 0.5 h，确保琼脂平板充分吸收土壤悬液。然后将琼脂平板倒置于恒温培养箱中进行培养。细菌平板于 37℃恒温培养箱培养 1～2 d，放线菌和真菌平板于 28℃恒温培养箱培养 3～5 d(图 9.5)。

5. 平板菌落计数

从恒温培养箱中取出培养完成的琼脂平板，进行菌落计数(图 9.6)。平板菌落计数原则如下。

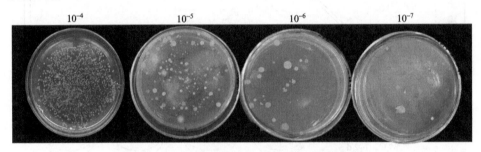

图 9.6　不同稀释度土壤悬液细菌平板菌落照片

(1)先计算相同稀释度的平均菌落数。若其中一个平板有较大片状菌苔生长时，则不应采用，而应以无片状菌苔生长的平板作为该稀释度的平均菌落数。若片状菌苔的大小不到平板的一半，而其余一半菌落分布又很均匀时，则可将此一半的菌落数乘以 2 代表全平板的菌落数，然后计算该稀释度的平均菌落数。

(2)优先选择平均菌落数在 30～300 的稀释度进行计算。当只有一个稀释度的平均菌落数符合此范围时，该平均菌落数乘其稀释倍数，即为该土壤样本的细菌总数。若有两个稀释度的平均菌落数均在 30～300，则由两者菌落总数之比来决定，其比值<2 时应采取两者的平均数，比值>2 时则取其中较小的菌落总数进行计算。

(3)若所有稀释度平均菌落数均不在 30～300，则以最接近 30 或 300 的平均菌落数进行计算。

(4)若所有稀释度平均菌落数结果均不适用上述计数原则，则建议重做。

6. 土壤微生物平板菌落计数

土壤微生物平板菌落计数实验流程图如图 9.7 所示。

图 9.7　土壤微生物平板菌落计数实验流程图

五、结果计算

按照平板菌落计数原则将土壤微生物平板菌落计数结果记录在表 9.3 中，并按照公式计算土壤中可培养的细菌、放线菌和真菌数量。

表 9.3　土壤微生物平板菌落计数结果

(1)土壤细菌

稀释度																
平板重复数量	1	2	3	4	1	2	3	4	1	2	3	4	1	2	3	4
菌落数/(CFU/皿)																
平均菌落数 /(CFU/皿)																
土壤细菌总数 /(CFU/g)																

(2)土壤放线菌

稀释度																
平板重复数量	1	2	3	4	1	2	3	4	1	2	3	4	1	2	3	4
菌落数/(CFU/皿)																
平均菌落数 /(CFU/皿)																
土壤放线菌总数 /(CFU/g)																

(3)土壤真菌

稀释度																
平板重复数量	1	2	3	4	1	2	3	4	1	2	3	4	1	2	3	4
菌落数/(CFU/皿)																
平均菌落数 /(CFU/皿)																
土壤真菌总数 /(CFU/g)																

六、注意事项

(1)理想的实验结果取决于土壤样品的充分振荡,以及合适的土壤悬液的梯度稀释。

(2)涂布前应将土壤稀释悬液充分混匀,确保用于涂布的土壤悬液较为均匀。

(3)遵循平板菌落计数原则进行计数,若计数结果均不符合上述计数原则,建议重做。

七、实验案例

表 9.4 为长期不同施肥处理下土壤细菌、放线菌和真菌平板菌落计数结果。试验采用春玉米-秋玉米-冬闲制,包含 6 个施肥处理:①不施肥处理(CK);②氮(N);③常规氮磷钾量(NPK);④两倍氮磷钾(2NPK);⑤氮磷钾+有机肥(NPKM);⑥有机肥(OM)。结果表明,不同施肥处理间土壤细菌、放线菌和真菌数量均有明显的差异。

表 9.4　长期不同施肥下土壤微生物平板计数结果

施肥处理	细菌/($\times 10^6$ CFU/g)	放线菌/($\times 10^5$ CFU/g)	真菌/($\times 10^3$ CFU/g)
CK	2.42	13.42	3.45
N	4.36	4.65	9.47
NPK	8.65	3.27	18.6
2NPK	7.34	5.24	21.5
NPKM	59.6	140.5	147.4
OM	48.2	190.3	120.5

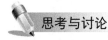 思考与讨论

1. 为什么培养细菌、放线菌和真菌时需要采用不同的稀释度土壤悬液?
2. 为什么平板菌落计数单位用"菌落形成单位(CFU)"比用"个"更为确切?
3. 试分析本实验中哪些类型或具有哪些特征的土壤微生物无法被检测到?

第三节　土壤微生物的 PCR 检测

传统的微生物生态学研究方法(如平板计数法)仅局限于极少部分(0.1%~1%)可培养的微生物类群。另外,受微生物生长时长限制,其检测时间往往要数天。土壤微生物携带有各类遗传物质和遗传信息,为土壤微生物检测提供了可能

的标靶。近几十年来，基于检测遗传物质和遗传信息的分子生物学技术迅速发展，其检测范围覆盖不可培养的微生物类群，且检测时长极大缩短。聚合酶链式反应（polymerase chain reaction, PCR）是分子生物学检测技术的基础，该方法具有简便、快速、灵敏、特异性强等优点，已广泛应用于土壤微生物检测，并大大提高了检测水平。PCR 法不仅能以 rRNA 基因为靶标定性地检测土壤中细菌和真菌群落，还能以功能基因为靶标检测土壤中的特殊功能微生物。本节介绍土壤微生物的PCR 检测。

一、实验目的

学习和掌握 PCR 的基本原理、实验技术及 DNA 检测技术，了解常见的细菌和真菌 PCR 检测通用引物信息，并采用 PCR 技术定性检测土壤中细菌和真菌群落。

二、测定方法与原理

采用 PCR 法检测土壤中的微生物，需要预先提取土壤样品中微生物总 DNA，选择待检测目标微生物特有的靶标基因，然后用 PCR 法扩增靶标基因并进行检测。土壤中微生物 DNA 的提取过程包括细胞破壁、核酸抽提、核酸沉淀和核酸纯化。腐殖酸会干扰 PCR 扩增，若土壤样品中腐殖酸含量较高，还需用交联聚乙烯吡咯烷酮（PVPP）纯化柱纯化 DNA 提取液。现在通常选择微生物核糖体小亚基基因[即原核微生物的 16S rRNA 基因和真核微生物的 18S rRNA 基因（或 ITS 基因）]作为靶标基因。这些基因包含若干可变区和保守区，可变区与保守区连续交替分布，不同种类微生物的可变区序列不同。根据保守区序列合成相应的 PCR 引物可扩增核糖体小亚基基因的可变区段（表 9.5），用于区分不同种类微生物。

表 9.5　常见土壤细菌和真菌群落 PCR 扩增通用引物信息

微生物种类	靶标基因	引物名称	引物序列	PCR 产物长度/bp
细菌	16S rRNA 基因	27F	AGAGTTTGATCCTGGCTCAG	约 1470
		1492R	TACGGYTACCTTGTTAYGACTT	
	16S rRNA 基因	341F	CCTACGGGAGGCAGCAG	约 420
		806R	GGACTACHVGGGTWTCTAAT	
	16S rRNA 基因	515F	GTGCCAGCMGCCGCGGTAA	约 420
		907R	CCGTCAATTCMTTTRAGTTT	
	16S rRNA 基因	926F	AAACTYAAAKGAATTGRCGG	约 470
		1392R	ACGGGCGGTGWGTRC	

续表

微生物种类	靶标基因	引物名称	引物序列	PCR 产物长度 /bp
细菌	18S rRNA 基因	18S-F	AACCTGGTTATCCTCCTGCCAGT	约 1700
		18S-R	TGATCCTTCTGCAGGTTCACCTACG	
	18S rRNA 基因	817F	TTAGCATGGAATAATRRAATAGGA	约 440
		1196R	TCTGGACCTGGTGAGTTTCC	
真菌	ITS 基因	ITS5-1737F	GGAAGTAAAAGTCGTAACAAGG	约 750
		ITS4-R	TCCTCCGCTTATTGATATGC	
	ITS 基因	ITS3-F	GCATCGATGAAGAACGCAGC	200～450
		ITS4-R	TCCTCCGCTTATTGATATGC	
	ITS 基因	5.8S-Fun	AACTTTYRRCAAYGGATCWCT	200～453
		ITS4-Fun	AGCCTCCGCTTATTGATATGCTTAART	

PCR 是指对特定核酸基因片段进行体外扩增的技术。典型的 PCR 反应体系包括 PCR 缓冲液、脱氧核糖核苷三磷酸(dNTP)、Mg^{2+}、引物对、热稳定 DNA 聚合酶(Taq DNA 聚合酶)及 DNA 模板。PCR 过程包括变性、退火和延伸三个阶段。从理论上讲，每经过一个循环，样本中的 DNA 量增加一倍，新形成的链又可成为新一轮循环的模板，经过 20～30 个循环后，DNA 可扩增 10^6～10^9 倍。常用琼脂糖凝胶电泳检测从土壤中提取的 DNA 和 PCR 产物。DNA 分子在碱性电泳缓冲液中带负电荷，在电泳仪外加电场的驱动下向正极泳动。DNA 片段的分子量大小和构型决定着电泳速率及分离效果。以双链线性 DNA 为例，不同分子量大小的 DNA 电泳分离时需要使用不同浓度的琼脂糖凝胶，DNA 片段越小所需琼脂糖凝胶浓度越高。电泳完成后，使用 GoldView、SYBR Green 等核酸染料对凝胶中的 DNA 进行染色，结合了上述染色剂的 DNA 分子在紫外照射下发射荧光，且荧光强度与 DNA 的含量成正比，从而实现定量化。还可使用凝胶成像系统进行成像，并对成像图谱进行分析。

三、实验仪器、器皿和试剂

1. 实验仪器

高压蒸汽灭菌器、PCR 仪、核酸提取仪、高速离心机、电泳仪、水平电泳槽及制胶器、凝胶成像系统、移液器(100 μL、10 μL、2.5 μL)等(图 9.8)。

2. 实验器皿

螺旋盖离心管(2 mL)、离心管(2 mL)、PCR 管(0.2 mL)、玻璃珠(Φ0.5 mm)、移液枪头(200 μL、10 μL)等。

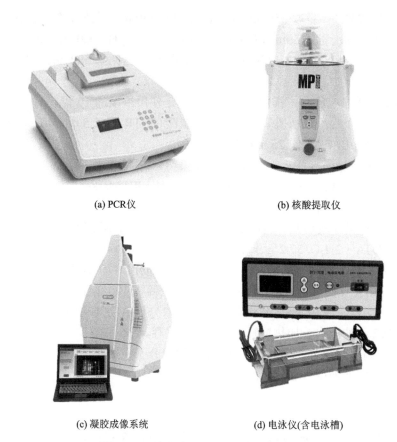

(a) PCR仪   (b) 核酸提取仪

(c) 凝胶成像系统   (d) 电泳仪(含电泳槽)

图 9.8 土壤微生物的 PCR 检测实验仪器

3. 实验试剂

(1) 核酸提取缓冲液(0.12 mol/L 磷酸氢二钠溶液和 1% 十二烷基硫酸钠):称取 42.98 g 磷酸氢二钠溶液($Na_2HPO_4 \cdot 12H_2O$,分析纯)和 10.0 g 十二烷基硫酸钠(SDS,分析纯)溶于 800 mL 无菌去离子水中,并定容至 1 L。

(2) 氯仿-异戊醇混合液(24∶1):量取氯仿(分析纯)120 mL 和异戊醇(分析纯)5 mL 混合。

(3) 酚-氯仿-异戊醇混合液(25∶24∶1):量取酚(分析纯)50 mL 和氯仿-异戊醇混合液(24∶1)50 mL 混合。

(4) 3 mol/L 乙酸钠溶液:称取乙酸钠(分析纯)24.609 g 溶于 80 mL 无菌去离子水中,并定容至 100 mL。

(5) 异丙醇(分析纯)。

(6) 乙醇(70%)：量取 350 mL 无水乙醇加入 150 mL 无菌去离子水中。

(7) TE 缓冲液：量取 5 mL 1.0 mol/L Tris-HCl 溶液(pH = 8.0)和 1 mL 0.5 mol/L EDTA 溶液(pH = 8.0)加入 400 mL 去离子水中，定容至 500 mL，121℃灭菌 20 min。

(8) PCR 缓冲液(10×，指的是配制液浓度是使用浓度的 10 倍，后文中 50×、0.5×、6×也是同样的意思)、脱氧核糖核苷三磷酸(dNTP，各 2.5 mmol/L)、Taq DNA 聚合酶(5 units/μL)、Mg^{2+}(25 mmol/L)。

(9) 1× Invitrogen SYBR Safe DNA 凝胶染料。

(10) DNA Marker：100 bp DNA Ladder 和 λHindIII Marker。

(11) DNA Loading Buffer(6×)。

(12) TAE 缓冲液(50×)：称取三羟甲基氨基甲烷(Tris)242 g、乙二胺四乙酸二钠($Na_2EDTA \cdot 2H_2O$)37.2 g 于 1 L 烧杯中，加入约 800 mL 去离子水并搅拌均匀，再加入 57.1 mL 的冰乙酸，充分溶解，用 1 mol/L NaOH 调节 pH 至 8.3，加去离子水定容至 1 L 后，室温下保存。使用时，稀释 100 倍至 0.5×。

(13) 琼脂糖凝胶(0.8%，质量体积比)：称取分子生物级琼脂糖 0.8 g 加入 100 mL 0.5×TAE 缓冲液中，加热溶解后，室温下保存。

(14) 琼脂糖凝胶(1.5%，质量体积比)：称取分子生物级琼脂糖 1.5 g 加入 100 mL 0.5×TAE 缓冲液中，加热溶解后，室温下保存。

4. 微生物菌株

以大肠杆菌(*Escherichia coli*)作为原核微生物 PCR 反应阳性对照，以产黄青霉(*Penicillium chrysogenum*)作为真核微生物 PCR 反应阳性对照。

四、操作步骤

1. 土壤微生物总 DNA 的提取

(1) 细胞破壁。在无菌的具螺旋盖的 2 mL 离心管中加入 0.5 g 土壤样品(精确到 0.01 g)，然后加入 1.0 mL 核酸提取缓冲液(试剂 1)和 0.5 g 直径 0.5 mm 的灭菌玻璃珠，旋紧管盖，置于核酸提取仪上，振荡(5.5 m/s)40 s 后，14000 g 离心 10 min。

(2) DNA 抽提。将上清液转移至干净的 2 mL 离心管中并加入等体积酚-氯仿-异戊醇混合液(25：24：1)(试剂 3)，抽提一次，14000g 离心 5 min。将上清液转移至干净离心管并加入等体积氯仿-异戊醇混合液(24：1)(试剂 2)，抽提一次，14000g 离心 5 min。

(3) DNA 沉淀。将上清液转移至干净的 2 mL 离心管中并加入一定量 3 mol/L

乙酸钠(试剂 4)(使其终浓度达到 0.3 mol/L)和等体积异丙醇(试剂 5),于–20℃条件下放置 2 h 以上,使 DNA 沉淀,14000g 离心 5 min。

(4)DNA 纯化。弃去上清液,加入 70%预冷的乙醇(试剂 6)洗涤沉淀,14000g 离心 5 min。弃去上清液。空干后,加入 30~50 μL TE 缓冲液(试剂 7)充分溶解 DNA 后,置于–20℃条件下保存。

2. 原核微生物和真核微生物 PCR 反应阳性对照模板 DNA 的提取

采用上述 DNA 提取方法提取大肠杆菌和产黄青霉 DNA,分别作为原核微生物和真核微生物 PCR 反应阳性对照模板 DNA。

3. DNA 的检测

加热溶解 0.8%琼脂糖凝胶(试剂 13),待降温至 55℃左右,倒入制胶器中,并插入制胶梳。待琼脂糖凝胶冷却成形后,取 2.5 μL DNA 提取液及 0.5 μL 6× DNA Loading Buffer(试剂 11)混合后,以 λHindIII Marker(试剂 10)作为标准,置于 0.5× TAE 缓冲液(试剂 12)中进行电泳检测。电泳仪设定电压为 100 V,电泳 30 min。电泳完毕后,使用 1× Invitrogen SYBR Safe DNA 凝胶染料(试剂 9)染色 20 min,用凝胶成像系统摄像并对图像进行分析。

4. PCR 反应体系构建

按照表 9.6,将各成分依次加到灭菌的 0.2 mL PCR 管底部,混匀;并用相应纯菌 DNA 和无菌超纯水来取代模板 DNA 作为阳性对照和阴性对照。PCR 反应程序按照表 9.7 设置。扩增完成后,PCR 产物放置在 4℃条件下保存。

表 9.6 PCR 反应体系

项目	PCR 反应体系
PCR 缓冲液(10×)(试剂 8)	2.5 μL
dNTP(各 2.5 mmol/L)	2 μL
上游引物(20 μmol/L)	1 μL
下游引物(20 μmol/L)	1 μL
Mg^{2+}(25 mmol/L)	1.5 μL
模板 DNA(10~100 μg/μL)	1 μL
Taq DNA 聚合酶(5 units/μL)	1 μL
无菌超纯水	15 μL
总体积	25 μL

表 9.7 PCR 反应程序

项目	细菌		真菌	
预变性	94℃，3 min		94℃，3 min	
变性	94℃，30 s		94℃，30 s	
退火	55℃，30 s	循环数：30	55℃，30 s	循环数：30
延伸	72℃，30 s		72℃，45 s	
末轮延伸	72℃，6 min		72℃，6 min	

5. PCR 产物的检测

加热溶解 1.5% 琼脂糖凝胶（试剂 14），待降温至 55℃左右，倒入制胶器中，并插入制胶梳。待琼脂糖凝胶冷却成形，取 5 μL PCR 产物及 1 μL 6× DNA Loading Buffer 混合后，以 100 bp DNA Ladder（试剂 10）作为标记物，置于 0.5× TAE 缓冲液中进行电泳检测。电泳仪设定电压为 100 V，电泳 30 min。电泳完毕，使用 1× Invitrogen SYBR Safe DNA 凝胶染料（试剂 9）染色 20 min，并用凝胶成像系统摄像并对图像进行分析。

6. 流程

土壤微生物 PCR 检测流程图如图 9.9 所示。

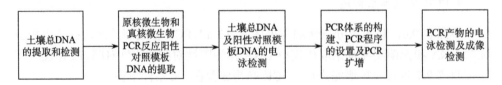

图 9.9 土壤微生物 PCR 检测流程图

五、结果计算

绘制所提取的土壤微生物 DNA 和 PCR 产物的凝胶电泳成像图谱，并标注图谱中 DNA 片段（包括 Marker）的大小。

六、注意事项

（1）所有土壤微生物总 DNA 提取和 PCR 反应用的实验器材、试剂等都需经过灭菌处理，减少 DNA 酶及污染。

（2）PCR 反应中应该设置阳性对照和阴性对照，确保结果的可靠性。

七、实验案例

图 9.10 为不同施肥处理下的长期定位试验土壤微生物总 DNA、细菌 PCR 产物和真菌 PCR 产物的凝胶电泳成像图谱。试验采用春玉米-秋玉米-冬闲制,包含 5 个施肥处理:①不施肥处理(CK);②氮(N);③常规量氮磷钾(NPK);④氮磷钾+有机肥(NPKM);⑤有机肥(OM)。本书选取引物对 515F/907R(PCR 产物为 420 bp 左右)和 18S-F/18S-R(PCR 产物为 1700 bp 左右)分别作为土壤细菌 PCR 检测和真菌 PCR 检测的引物。结果表明,不同施肥处理对土壤微生物有明显的影响。

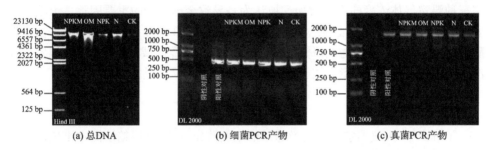

(a) 总DNA　　(b) 细菌PCR产物　　(c) 真菌PCR产物

图 9.10　土壤微生物总 DNA、细菌 PCR 产物和真菌 PCR 产物的凝胶电泳成像图谱

思考与讨论

1. 简述土壤总 DNA 的提取步骤。
2. 简述 PCR 反应体系构建和 DNA 的检测步骤。
3. 简述土壤微生物 PCR 检测的注意事项。

第十章　土壤-大气温室气体交换通量测定

二氧化碳(CO_2)、甲烷(CH_4)和氧化亚氮(N_2O)是大气中最重要的三种温室气体。2019年大气中CO_2、CH_4和N_2O浓度分别达到410.5 ppm（1 ppm=10^{-6} L/L）、1.88 ppm和332.0 ppb（1 ppb=10^{-9} L/L），为工业化前水平的148%、260%和123%。这三种温室气体浓度的不断增加，被认为是导致全球变暖的重要因素。土壤是重要的温室气体排放源，准确地测定土壤CO_2、CH_4和N_2O的交换通量是开展土壤碳氮循环和温室气体源与汇研究的基础，也是准确估算区域乃至全球土壤温室气体净排放强度的关键。本章介绍土壤-大气温室气体交换通量的测定方法。

一、实验目的

了解土壤-大气温室气体交换通量的主要测定方法，掌握箱法测定土壤温室气体交换通量的原理、操作流程及通量计算方法。

二、测定方法与原理

1. 测定方法

土壤-大气温室气体交换通量的测定方法有箱法、微气象法和同位素法等。箱法包括静态箱法和动态箱法，微气象法包括涡度相关法、通量梯度法和质量平衡法等。其中，箱法中的静态箱-气相色谱法最为常见，近年来微气象法中的涡度相关法也有较多的应用（表10.1）。

表 10.1　土壤-大气温室气体交换通量的测定方法简介

方法	基本原理	优点	缺点
静态箱法	用已知容积和底面积的密闭箱体，将要测定的地表罩起来，以固定时间间隔抽取箱内气体，用气相色谱仪测定其中目标气体的浓度，根据气体浓度随时间的变化率，计算气体排放通量	操作简单，灵活性强，成本低，适用于不同的观测对象	观测频率低、对观测对象有扰动
动态箱法	用已知容积和底面积的密闭箱体，将要测定的地表罩起来，空气从箱体一侧的进气口吸入箱中，流经密封的箱体，然后从箱体另一侧的出口流出。根据物质守恒和气体不可压缩的原理，利用气流进出气口的浓度差、流速和箱体覆盖面积等参数计算气体交换通量	能保持被测地表的环境状况	不适用于低排放的系统、需要灵敏度和分析频率更高的检测器

续表

方法	基本原理	优点	缺点
涡度相关法	通过同步测定地面边界层内一定高度的气体浓度和垂直风速在一定时段(通常取30 min)的高频(≥10 Hz)脉动,将该时段内二者乘积的算术平均值(即协方差)与干空气密度相乘,即为湍流在垂直方向上传输引起的气体通量,可用以代表地面的净交换通量	无扰动原位测量,更具空间代表性,适用于大区域观测	购置和维护成本高,不适用于大气湍流弱的夜间时段
通量梯度法	基于一阶闭合假设,采用温室气体的垂直梯度乘以湍流扩散系数得到温室气体通量。根据质量守恒原理,气体交换通量等于涡度协方差项,在近地边界层内对质量守恒的连续方程进行一阶闭合假设,可以得到湍流协方差项,即湍流通量项等于物质浓度梯度与湍流扩散系数的乘积	无扰动原位测量,对风浪区较小的下垫面更加适用,对采样频率要求不高	需要满足一些基本假设和技术要求,特别是湍流扩散系数无法直接观测,需要通过参数化方案进行计算得到,容易引起很大的误差

2. 方法原理

土壤-大气温室气体交换通量主要测定方法的原理和优缺点见表10.1。由于静态箱-气相色谱法操作简单、灵活性强、成本低,适用于不同的观测对象,应用非常广泛。本节主要介绍这一方法的操作流程和应用。

三、实验仪器、器皿和试剂

1. 静态暗箱

箱体通常采用304不锈钢板(板厚1 mm)(图10.1),其洁度高、表面吸附小、耐腐蚀性好,并可长时间保持机械物理性能。在有限的重复观测中,采用的采样箱底面积越大,对观测对象的代表性越好,以克服气体排放的空间异质性问题。

(a)高寒草地观测　　　　　　　　　　(b)旱作玉米田观测

图10.1　静态暗箱图片(王睿提供)

静态箱通常由顶箱、中段箱和底座三部分组成。

顶箱通常采用方形结构，尺寸通常为长 50 cm × 宽 50 cm × 高 50 cm（对于低矮植物可降低采样箱高度），采用弹性密封条与底座或中段箱密封，需在箱体下端设计 3 cm 宽的平台，平台上黏有密封胶条（也可用水密封方法，需要在底座上设计水槽）。箱体外覆盖一层 1 cm 厚度的发泡隔热材料，或贴反光锡箔材料，以减少罩箱期间的箱内温度变化。箱壁侧面安装采样管、测温探头和把手。箱体上侧壁或顶壁还需开一个小孔，安装气压平衡管（硅胶软管，能弯折并可密封）。平衡管的具体规格受箱子体积和风速的影响。可依据下文中提供的数学表达式，并结合当地平均风速和采样箱气室体积计算平衡管的直径和长度。

中段箱的作用是随植物高度增加，增大采样箱高度。箱壁材料与尺寸同顶箱，但没有顶壁，也无底，在箱壁上沿端和下沿端均需有 3 cm 宽的平台，放置密封胶条与顶箱和底座实现气密性连接。

常用的底座尺寸一般旱地为长 50 cm × 宽 50 cm × 高 10 cm，水田为长 50 cm × 宽 50 cm × 高 20 cm，材料为 304 不锈钢，板厚 3.0 mm，上端有与顶箱或中段箱连接的 3 cm 宽平台，下端为刃口，便于插入土壤。为保证箱底座内外的水分、养分、生物等的正常活动与交流，箱底座下半截的每个侧壁上留有 10 个左右的孔（直径约 3 cm）。底座应该在第一次采样前安装（至少提前 24 h）。

为尽可能减轻采样操作对观测对象的扰动，需采取如下保护措施：

（1）在到达各个采样点的路径上及采样操作过程中，在人员必须站立的位置上安置栈桥[图 10.2（a）]。

（2）为箱内外四周的植物（种植密度大且植株高）设置保护栏[图 10.2（b）]。

（3）采样箱底座内及外侧四周 50 cm 范围内，禁止进行土壤温度、湿度的人工测量及土壤样品采集。

(a) 箱底座附近安置栈桥　　　　　　　　　(b) 箱底座四周加装保护栏

图 10.2　箱底座图片（王睿提供）

2. 气相色谱仪

气相色谱仪的工作原理是利用样品中各组分在色谱柱中气相和固定相间的分配系数不同实现组分分离，即当样品被载气带入色谱柱中时，各组分就在其中的两相间进行反复多次分配，由于固定相对各组分的吸附能力不同，各组分在色谱柱中的运行速度就不同，经过一定的柱长后，便彼此分离，按顺序离开色谱柱进入检测器，产生的离子流信号经放大后，在记录器上描绘出各组分的色谱峰。气相色谱仪配有氢火焰离子化检测器(FID)，用于检测 CO_2 和 CH_4；配备的电子捕获检测器(ECD)，用于检测 N_2O。

3. 其他配件

带三通阀的注射器、手持式温度传感器、电子表等。

四、操作步骤

1. 气体样品采集方法

采用配有三通阀的 60 mL 或 100 mL 医用塑料注射器进行气体样品采集和储存，具体操作方法如下。

1) 注射器的气密性检测

每次试验开始前必须进行气密性检测，方法为：用注射器抽取环境空气约 20 mL，密闭三通阀，用力推或者拉动活塞(移动 10～20 mL)，放开活塞，若活塞立即弹回原位，表明注射器及三通阀密封性能良好，可用，否则应立即更换；在注射器上注明采样箱的代码，备用。

2) 试验记录表准备

试验记录表包含以下信息：采样日期、处理编号、采样时间(时:分:秒)、箱内气温、箱外 10 cm 深度的土壤温度、采样箱底座与土壤表面的距离及地面淹水深度等(表 10.2)。

3) 采样箱底座检测

检查底座四周是否有漏气，如果有，采取从外侧培土等措施进行处理。清理干净底座平台上的附着物，如尘土、植物等，以确保密封效果。当使用水封方法密封时需要仔细检查并清除水槽中的杂物，往水槽中加水时，尽量缓慢，避免水溢出；水量不超过水槽深度的一半。

4) 安装采样箱

罩箱时先将箱上的平衡管连同胶塞一起取下，将顶箱以较大角度错位放置在箱底座的平台上静止一段时间(5～10 min)，安装平衡管，但仍保持平衡管开放，

表 10.2　采样记录表

天气						采样日期：　　年　月　日	
处理编号	针筒号	采样时间	箱内气温	箱外 10 cm 深度的土壤温度	采样箱底座与土壤表面的距离	地面淹水深度	备注

顶箱和底座进行气密性连接(需两人配合，以减轻对植物、土壤的扰动)，并记录箱体开始密闭的时间(记为时:分:秒)，同时密闭平衡管。

5)气体样品采集

第一个气体样品(可从箱外空气中采集)，用以测定和代表箱内密闭空气的初始气体浓度，同时记录箱内气温，密闭 8～20 min(视排放强度而定，排放弱则延长采样间隔时间)从箱内采集第二个气体样品，具体操作：①将平衡管口打开；②用注射器清洗一次采样管路(即用注射器抽取 10 mL 气体并放掉，只需清洗一次即可)；③用注射器抽取 60 mL 气体样品，并在记录表上准确记录采气结束的时间(记为时:分:秒)；④关闭注射器和采样管三通阀，关闭平衡管。记录采样时的箱内气温(对于郁闭度较高的林地,也可直接记录林下的箱外气温)和土壤温度。接下来每隔 8～20 min 重复操作，直至采完 5 个气体样品。每采完一个气体样品，都需要记录箱内气温及箱外 10 cm 深度的土壤温度。如果有固定安装在土壤中的连续温度和水分含量传感器，可在事后提取气体样品采集时的数据。

6)移走采样箱

最后一个样品采集完毕后，用堵头堵住采样管上的三通阀出口(以防止尘土进入造成对样品的污染)，并立即将顶箱从底座上移开(需两人配合操作，以减轻对植物、土壤的扰动)。

2. 观测频率

土壤-大气的温室气体交换受到气候、土壤、植被和管理措施等诸多因素的影响，因此，要准确地观测其气体交换量，必须选择合适的观测频率。一般来讲，在发生引起土壤水分状况显著变化的事件后(如降水、灌溉、干湿交替和冻融交替事件等)的 3～7 d 内，应增加观测频率至每天一次；在发生引起土壤中速效氮或易分解碳、氮含量显著变化的事件后(如施肥、秸秆还田、翻耕等)的 7~14 d，也应增加观测频率至每天一次。其余时间可每月观测 2~4 次。

3. 观测时间

通常选择当地时间 08:00~11:00 或 17:00~19:00 进行通量观测。该时段测定的气体通量能够代表气体交换通量的日平均值；也可以进行气体通量的日变化观测(即 1 天内每隔 2 h 左右进行一次气体通量观测)，确定能够代表研究区气体交换通量日平均值的时间段。

4. 气体样品检测

将用注射器采集好的气体样品，带回实验室，用气相色谱仪测定样品中 CO_2、CH_4 和 N_2O 的浓度，建议在 24 h 内完成测定工作。测定过程中，需要采用标准气体(简称标气)对待测气体样品(简称样气)进行标定。以 1 个处理的 3 个重复小区样品(15 个样气)为例，以先测定标气，再测定样品，最后测定标气的顺序(表 10.3)完成样品的进样分析与标定。采用前后 10 次重复测定的标气对中间 15 个样气浓度进行标定，计算方法如下：

$$C_{sample} = A_{sample} \times C_{cal} / A_{cal} \tag{10.1}$$

式中，C_{sample} 为样气的浓度；A_{sample} 为气相色谱仪检测的样气峰面积；C_{cal} 为标气的浓度；A_{cal} 为气相色谱仪检测的标气峰面积(取多次测定的平均值)。

表 10.3 标气与样气的色谱分析进样顺序表

顺序	样品名称及编号	说明
1	标气	连续测定标气 5 次，用以标定样气，以及评估仪器的稳定性
2	样气 A-R1	测定处理 A 的第 1 个重复小区的 5 个气体样品，按照气体样品采集的先后顺序依次进样
3	样气 A-R2	测定处理 A 的第 2 个重复小区的 5 个气体样品，按照气体样品采集的先后顺序依次进样
4	样气 A-R3	测定处理 A 的第 3 个重复小区的 5 个气体样品，按照气体样品采集的先后顺序依次进样
5	标气	连续测定标气 5 次，用以标定样气，以及评估仪器的稳定性

若待测气体浓度较高(若 N_2O 浓度>1 ppm)，建议采用标准工作曲线进行标定。

5. 气相色谱仪使用操作

1) 所需气体

色谱载气：N_2O 样品载气为高纯氩气（Ar，纯度 99.999%），并辅以 5% 的 CH_4 为缓冲气；也可以用高纯氮气（N_2，纯度 99.999%），并辅以 10% 的 CO_2 为缓冲气。CH_4 和 CO_2 的样气载气为高纯氮气（N_2，纯度 99.999%）。

高纯氢气（H_2，纯度 99.999%）。

压缩空气（用空气压缩机提供）。

标准气体：底气为合成空气，CH_4 浓度约 2 ppm、N_2O 浓度约 0.340 ppm、CO_2 浓度约 450 ppm。

2) 气相色谱分析条件

为了防止气体样品中携带的灰尘进入仪器的气路中，导致仪器元件、精密气阀的意外损伤，必须在气体进样口前安装颗粒过滤器（0.45 μm），并视样品清洁状况定期更换（每月 1～2 次）。气相色谱仪分析气体样品（CH_4、CO_2 和 N_2O）浓度的色谱条件如表 10.4 所示。

表 10.4　气相色谱仪分析气体样品（CH_4、CO_2 和 N_2O）浓度的色谱条件

条件	CH_4	CO_2	N_2O
色谱柱	SS 2 m×2 mm，60～80 目 13X MS	SS 2 m×2 mm，60～80 目 Porapak Q	前置柱：SS 1 m×2 mm 分析柱：SS 3 m×2 mm 80～100 目 Porapak Q
载气/流量/(mL/min)	高纯 N_2/30	高纯 N_2/30	Ar-CH_4/40 N_2-CO_2/32
柱箱温度/℃	55	55	55
转化器/温度/℃	/	镍触媒/375	/
检测器/温度/℃	FID/250	FID/250	ECD/330
气体/流量/(mL/min)	空气/400 H_2/30	空气/400 H_2/30	/

注：SS，不锈钢；MS，微分子筛；Porapak Q，由乙基苯乙烯和二乙烯基苯共聚而成的高分子小球固定相；FID，氢火焰离子化检测器；ECD，电子捕获检测器；Ar-CH_4，氩甲烷，高纯氩气为底气，CH_4 缓冲气含量为 5%；N_2-CO_2，高纯 N_2 为底气，CO_2 缓冲气含量为 10%。

3) 气相色谱日常使用与维护

通常在分析样品前 1～2 d 开机，给仪器足够的稳定时间。

(1) 通气和检漏。打开色谱载气和高纯氢气的钢瓶主阀，打开空气泵开关，分压均调至 0.4 MPa；用皂液检查钢瓶减压阀及连接管路的气密性，确认无漏气。

(2)仪器开机。依次打开色谱仪电源、电脑和色谱工作站软件；等待 FID 升温至 200℃后，给 FID 点火；等待 ECD（330℃）和镍触媒（375℃）升至设定温度；将柱箱升温至 150℃，过夜。

(3)仪器待机及日常维护。

适用于每天开始分析样品之前 2～3 h 的准备工作：开氢气钢瓶主阀，给 FID 点火（若之前 FID 火焰为关闭状态）；启动色谱软件，将柱箱温度降至 55℃；等待 FID 和 ECD 基线平稳（需 2～3 h），平稳后，一般 FID 基线在 15～20，ECD 基线在 110～150；取标气，连续进样 5～10 次，对仪器稳定性进行评估；当这些平行样品 CH_4、CO_2 和 N_2O 峰面积的变异系数（coefficient of variation, CV，即平行样品峰面积的标准偏差与平均值之比）均<1%时，认为仪器已经稳定，可开始样品分析。否则，需要继续等待。若几个小时后还达不到仪器的稳定状态要求，则需检查导致不稳定的原因，或及时报告技术人员，寻求解决方案。

适用于每天分析结束后：将 FID 熄火，关闭氢气钢瓶主阀，关闭色谱工作站软件，关闭电脑。

(4)仪器热清洗。可每两周进行一次。将 FID 温度升至 300℃，ECD 温度升至 380℃，柱箱温度升至 150℃（切不可超过 230℃，以免损坏色谱柱），过夜（表10.5）。

表 10.5 色谱待机及热清洗时检测器和柱箱温度

仪器	待机时温度/℃	热清洗时温度/℃
柱箱	55	150
FID	200	300
ECD	330	380

(5)气相色谱关机。

若仪器关闭不到一星期：不关闭色谱载气（保护色谱柱免受空气污染，可缩短下次开机时仪器达到稳定状态所需的时间）；关闭除色谱载气之外所有的气体；降低 FID、ECD、镍触媒转化器和柱箱温度，待所有温度降到 50℃以下时，将色谱载气分压调小至 0.1～0.2 MPa；关闭色谱电源。

若仪器关闭一星期以上：关闭除色谱载气之外所有气体；降低 FID、ECD、镍触媒转化器和柱箱温度；待所有温度都降至 50℃以下时，关闭色谱电源；关闭色谱载气的钢瓶主阀；用塞子堵住 FID 出口和 ECD 出口。

6. 静态箱-气相色谱法操作流程

静态箱-气相色谱法的样品采集与分析操作流程图见图 10.3。

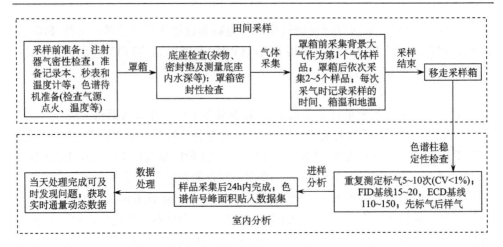

图 10.3　静态箱–气相色谱法的样品采集与分析操作流程图

五、结果计算

1. 小时通量计算方法

$$F = \frac{V}{A} \cdot \frac{M}{V_0} \cdot \frac{P}{P_0} \cdot \frac{T_0}{T} \cdot \frac{\mathrm{d}C}{\mathrm{d}t} \tag{10.2}$$

式中，F 为某一气体通量〔$\mu g\ N/(m^2 \cdot h)$ 或者 $mg\ C/(m^2 \cdot h)$〕；V 为采样箱气室体积 (m^3)；A 为采样箱底面积 (m^2)；M 为被观测气体中 N 或 C 元素的摩尔质量 (g/mol)；V_0 为被观测气体在标准状态下的摩尔体积 $(22.41\ L/mol)$；T_0 和 P_0 为标准状况下的气温 $(273\ K)$ 和气压 $(1013\ hPa)$；T 和 P 为在采样时观测的箱内气温 (K) 和气压 (hPa)；$\mathrm{d}C/\mathrm{d}t$ 代表采样箱密闭期间气体浓度随时间的变化率。

通量的计算方法通常分为线性和非线性两种。线性算法依据密闭箱气室内气体浓度随时间的平均变化率计算，而非线性算法依据罩箱之初的浓度变化率计算。针对非线性算法的假设是：罩箱后气室内气体浓度增大可能导致气体浓度梯度减小而降低气体通量。无论是线性算法还是非线性算法，在用于计算气体通量的浓度变化率 $(\mathrm{d}C/\mathrm{d}t)$ 时都必须依赖箱内气体浓度 (C) 随罩箱时间 (t) 而变化的统计显著性关系。当回归方程呈现线性关系即 $C=a \cdot t+b$ 时，线性回归方程的系数 a 即为罩箱后气室内气体浓度的平均变化率 (图 10.4)。非线性回归依赖二次曲线关系 $C=k_1/k_2+(C_0-k_1/k_2)\,\mathrm{e}^{-k_2 \cdot t}$，$C_0$ 为刚开始罩箱时 $(t=0)$ 的气室内气体浓度，由实测数据给出；k_1 表示未受罩箱效应影响的浓度变化率；k_2 表示罩箱引起的浓度变化率。k_1 和 k_2 由气室内气体浓度测定值随采样时间而变化的最小二乘法拟合结果给出。根据该曲线方程，用 $t=0$ 时的一阶导数值，即 $\mathrm{d}C/\mathrm{d}t|_{t=0}=k_1-k_2 \cdot C_0$ 来给出刚罩箱时的浓度变化率。

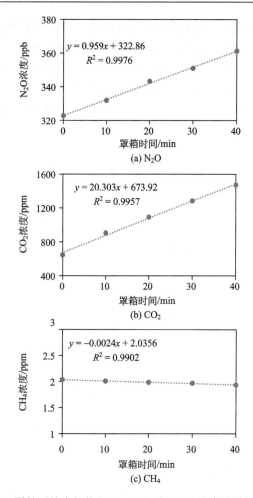

图 10.4　罩箱后箱内气体（N_2O、CO_2 和 CH_4）浓度随时间的变化

2. 通量检测限的计算方法

采用气相色谱仪连续测定标准气体 5～10 次，计算该气体重复测定的变异系数（CV），由此得到仪器检测该组分的检测限（I_{DL}），即 $I_{DL}=t \times CV \times C_{cal}/100$，$t$ 为 99% 置信度水平（自由度为样品重复测定数–1）的 t 检验值，C_{cal} 为标准气体浓度，并将 I_{DL} 代入气体交换通量的计算公式［式（10.2）］，由此得到该组分的通量检测限（F_{DL}）。

3. 小时通量数据的质量控制方法

采样箱密闭期间，对测定的气体浓度随时间变化的关系进行拟合，其回归方

程的相关系数 r 参照如下判断标准(图 10.5),符合标准的观测值才有效(统计显著水平 $P<0.05$),即当 5 个气体浓度用于计算气体通量时,需要 $r>0.878$;若 $r<0.878$,则需删除一个浓度点,看其余的 4 个气体浓度随时间变化的线性回归系数 r 是否达到 $r\geqslant0.950$,达到则接受通量;达不到时,需再删除一个浓度点,看其余的 3 个气体浓度随时间变化得到的 r 是否达到 $r>0.997$,若仍达不到,视为通量数据无效,删除通量值。

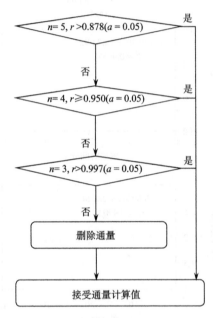

图 10.5　通量计算的浓度数据处理流程图

n 为通量计算的浓度观测数;r 为相关系数;a 为显著水平

　　针对未达到统计显著性要求而被拒绝的通量数据,随机差补通量检测限内的数值,差补后的通量只用于计算累积排放量。若差补的通量绝对值与其前后(指同一采样位置在不同时间的测定值)或左右(指不同重复观测位置在同一时间的测定值)的通量值一致(正负符号相同,通量绝对值很接近),该通量可保留,否则,需删除。

　　4. 季/年气体通量估算方法

　　对于实施了观测但测定值因不符合数据质量要求而被拒绝的情形,需要进行缺测值填补。被拒数据的填补有 3 种方法:

　　(1)用 0 到通量检测限的绝对值之间的随机数进行填补,通量检测限主要取决于气相色谱法分析气体样品浓度的精度、计算每个小时通量值所需的 5 次密闭箱内气体浓度观测的采样时间长短及采样箱尺寸(对于规则尺寸的采样箱,即为箱内气室高度)。

(2)用同一空间重复被拒值之前一次和之后一次有效观测结果的平均值进行填补。

(3)用其他空间重复的同步有效观测结果的平均值进行填补。

实际操作中究竟用哪种填补方法,需根据当时的具体情况谨慎判断。最后,采用逐日累加法估计季节或年度通量,具体算法如下:

$$E|_{X_{n+1}=0} = k \cdot \sum_{i=2}^{n+1} [X_{i-1} + (t_i - t_{i-1} - 1) \cdot (X_{i-1} + X_i)/2] \tag{10.3}$$

式中,E 为年/季通量[kg C/(hm²·a) 或 kg C/season、kg N/(hm²·a) 或 kg N/season];k 为单位换算系数;n 为每日的有效小时通量观测次数或每季/每年拥有有效日通量观测值的天数;X_i 为第 i 次观测的小时通量值[mg C/(m²·h) 或 μg N/(m²·h)] 或第 i 天基于小时通量观测结果估计的日通量值[g C/(m²·d) 或 mg N/(m²·d)];t_i 为对应于 X_i 的日期。

表 10.6 显示的是气体交换通量的累积量计算方法实例。在 N_2O 日交换通量的数据中,正体为实测值,斜体为插补值(取前后两次观测的算术平均值)。可通过 N_2O 日交换通量数据的逐日累加得到 N_2O 的(月)累积排放量为 2618.6 μg N/(m²·d);也可仅依据实测数据,通过式(10.3)计算得到 N_2O 的累积排放量。两种方法算出的结果一致。实际操作中,可自行选择累积量的算法。

表 10.6 气体交换通量的累积量计算方法实例(以 N_2O 通量为例)

观测日期	N_2O 日交换通量 [a] /[μg N/(m²·d)]	N_2O 累积量 [b] /(μg N/m²)
2020-6-1	24.9	24.9
2020-6-2	*38.05*	
2020-6-3	51.2	114.15
2020-6-4	100.3	214.45
2020-6-5	*140.45*	
2020-6-6	180.6	535.5
2020-6-7	*229.6*	
2020-6-8	278.6	1043.7
2020-6-9	300.2	1343.9
2020-6-10	*240.25*	
2020-6-11	180.3	1764.45
2020-6-12	140.9	1905.35
2020-6-13	100.5	2005.85

观测日期	N₂O 日交换通量 /[μg N/(m²·d)]	N₂O 累积量 /(μg N/m²)
2020-6-14	75.9	2081.75
2020-6-15	*68.2*	
2020-6-16	*68.2*	
2020-6-17	60.5	2278.65
2020-6-18	*52.15*	
2020-6-19	*52.15*	
2020-6-20	43.8	2426.75
2020-6-21	*34.5*	
2020-6-22	*34.5*	
2020-6-23	25.2	2520.95
2020-6-24	15.6	2536.55
2020-6-25	*13.25*	
2020-6-26	10.9	2560.7
2020-6-27	*13.9*	
2020-6-28	16.9	2591.5
2020-6-29	*14.65*	
2020-6-30	12.4	2618.6[c]
总计	2618.6[c]	

注：a，斜体数据为交换通量的插补值；b，N₂O 累积量列的数据由式(10.3)计算得到；c，累积量数据可通过 N₂O 日交换通量的逐日累加得到。

六、注意事项

(1)注射器采集的样品，最好 24 h 内分析完成，最长不超过 48 h，以防止样品污染而影响测定结果。如果条件有限，则考虑存储到真空瓶内保存(使用丁基橡胶塞密封，可保存 60 d 以上)。同时需要对有异常处理的样品做详细记录，便于后续数据分析时考虑该因素。

(2)通量在空间上的差异是箱法观测无法避免的一个问题，因为测定的通量只代表箱子所在的有限区域的排放水平，这也是观测系统误差的一个来源。

(3)在气体通量观测的同时，需同步对环境因子(气温、降水、气压、土壤温湿度、土壤无机氮和可溶性有机碳含量等)和田间管理措施(施肥、灌溉、翻耕等)进行观测和记录，便于对气体交换通量规律的理解和分析。

七、实验案例

1. 华北玉米-小麦轮作农田土壤 N_2O 通量特征

图 10.6 展示了用静态箱法观测的华北玉米-小麦轮作农田土壤 N_2O 通量的季节动态特征。

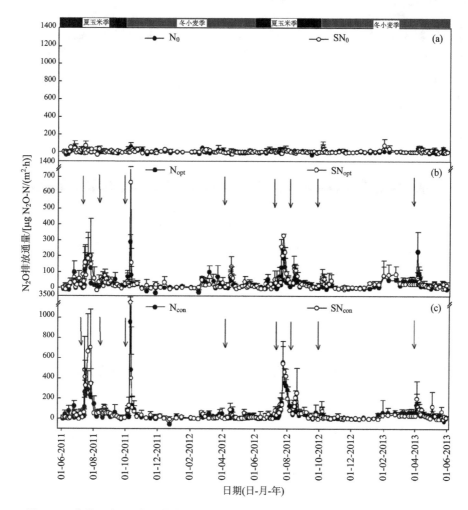

图 10.6　华北玉米-小麦轮作农田土壤 N_2O 通量的季节动态特征(Huang et al., 2013)

N_0、N_{opt} 和 N_{con} 为不施氮肥处理、优化施肥处理和传统施肥处理,S 表示秸秆还田;向下箭头表示施肥

2. 稻田土壤 N_2O 和 CH_4 交换通量变化特征

图 10.7 展示了用静态箱法观测的长江流域典型水稻田不同施肥处理土壤 N_2O

和 CH_4 通量的季节动态特征。

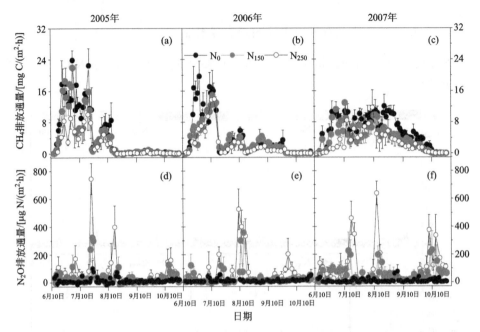

图 10.7　长江流域典型水稻田不同施肥处理土壤 N_2O 和 CH_4 通量的季节动态特征(Yao et al., 2012)

N_0、N_{150} 和 N_{250} 分别表示每季施用氮肥量为 0 kg N/hm^2、150 kg N/hm^2 和 250 kg N/hm^2

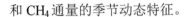 **思考与讨论**

1. 简述静态箱-气相色谱法观测土壤-大气界面温室气体交换通量的原理及其优缺点。

2. 简述静态箱的主要组成和技术要点。

3. 简述静态箱-气相色谱法观测土壤-大气界面温室气体交换通量的主要流程和注意事项。

4. 简述静态箱-气相色谱法小时通量计算方法和季/年气体通量的估算方法。

主要参考文献

鲍士旦. 2000. 土壤农化分析[M]. 北京: 中国农业科技出版社.

蔡庆生. 2011. 植物生理学[M]. 北京: 中国农业大学出版社: 40.

陈桂华, 范芳, 林芷君. 2019. 三氯化六氨合钴浸提-分光光度法测定土壤阳离子交换量[J]. 理化检验(化学分册), 55(12): 1448-1451.

陈晓燕, 叶建春, 陆桂华, 等. 2004. 全国土壤田间持水量分布探讨[J]. 水利水电技术, 35(9): 113-116, 119.

程东娟, 张亚丽, 赵新宇, 等. 2012. 土壤物理实验指导[M]. 北京: 中国水利水电出版社.

褚慧, 宗良纲, 汪张懿, 等. 2013. 不同种植模式下菜地土壤腐殖质组分特性的动态变化[J]. 土壤学报, 50(5): 931-939.

范庆锋, 虞娜, 张玉玲, 等. 2014. 设施蔬菜栽培对土壤阳离子交换性能的影响[J]. 土壤学报, 51(5): 1132-1137.

方肖晨, 王春红, 张荣华, 等. 2017. 伏牛山区迎河小流域不同土地利用类型的土壤粒径分布特征[J]. 中国水土保持科学, 15(3): 9-16.

公旭. 2011. 农牧交错带草地土壤呼吸特征[D]. 北京: 中国农业大学.

关松, 窦森, 马丽娜, 等. 2017. 长施马粪对暗棕壤团聚体腐殖质数量和质量的影响[J]. 土壤学报, 54(5): 1195-1205.

郭志英. 2021. 基于CERN长期观测的典型土壤类型土壤属性数据[DB]. 中国生态系统研究网络.

国家标准局. 1987. 土壤水分测定法(NY/T 52—1987)[S]. 北京: 中国标准出版社.

国家林业局. 1999. 森林土壤土水势的测定(LY/T 1214—1999)[S]. 北京: 中国农业出版社.

胡婵娟, 刘国华, 吴雅琼. 2011. 土壤微生物生物量及多样性测定方法评述[J]. 生态环境学报, 20(6-7): 1161-1167.

环境保护部. 2015. 土壤氧化还原电位的测定-电位法(HJ 746—2015)[S]. 北京: 中国环境科学出版社.

黄昌勇. 2000. 土壤学[M]. 北京: 中国农业出版社.

黄尚书, 叶川, 钟义军, 等. 2016. 不同土地利用方式对红壤坡地土壤阳离子交换量及交换性盐基离子的影响[J]. 土壤与作物, 5(2): 72-77.

黄耀. 2003. 地气系统碳氮交换——从实验到模型[M]. 北京: 气象出版社.

姜波. 2012. 田间持水量实验研究与成果分析[C]. 中国水文科技新发展——2012中国水文学术讨论会论文集. 南京: 河海大学出版社: 628-632.

来剑斌. 2003. 土壤水分运动特征及其参数确定[D]. 西安: 西安理工大学.

李静. 2012. 土壤有机质测定方法比对分析[J]. 绿色科技, 5: 203-204.

李宗超, 胡霞. 2015. 小叶锦鸡儿灌丛化对退化沙质草地土壤孔隙特征的影响[J]. 土壤学报,

52（1）：242-248.

林大仪. 2004. 土壤学实验指导[M]. 北京: 中国林业出版社.

林先贵. 2010. 土壤微生物研究原理与方法[M]. 北京: 高等教育出版社.

刘俊廷, 张建军, 孙若修, 等. 2020. 晋西黄土区退耕年限对土壤孔隙度等物理性质的影响[J]. 北京林业大学学报, 42（1）：94-103.

刘雨晴, 朱小琴, 胡会峰, 等. 2018. 熏蒸浸提法测定碱性土微生物生物量碳初探[J]. 土壤, 50（3）：640-644.

卢倩倩, 王恩姮, 陈祥伟. 2015. 模拟机械压实对黑土微团聚体组成及稳定性的影响[J]. 农工机械学报, 11（6）：54-59.

鲁如坤. 2000. 土壤农业化学分析方法[M]. 北京: 中国农业科技出版社.

路远, 张万祥, 孙榕江, 等. 2009. 天祝高寒草甸土壤容重与孔隙度时空变化研究[J]. 草原与草坪, 3（4）：48-51.

吕华芳, 尚松浩. 2009. 土壤水分特征曲线测定试验的设计与实践[J]. 实验技术与管理, 26（7）：44-45.

吕华芳, 王忠静. 2013. 土壤水综合教学实验设计[J]. 实验技术与管理, 30（10）：193-195.

吕贻忠, 李保国. 2010. 土壤学实验[M]. 北京: 中国农业出版社.

马传明. 2013. 包气带水文学实验指导书[M]. 武汉: 中国地质大学出版社.

邵敏. 2009. 不同消解方法测定土壤有机质含量[J]. 辽宁农业职业技术学院学报, 11（1）：36-38.

孙凯, 刘娟, 凌婉婷. 2013. 土壤微生物量测定方法及其利弊分析[J]. 土壤通报, 44（4）：1010-1016.

唐晓红. 2008. 四川盆地紫色水稻土腐殖质特征及其团聚体有机碳保护机制[D]. 重庆: 西南大学.

王晶. 2020. 用电极法测定土壤 pH 影响因素的探讨[J]. 能源与节能, 9: 76-77.

王明星. 2001. 中国稻田甲烷排放[M]. 北京: 科学出版社.

王义华, 金玉岭, 张凤林. 1980. 农业数据手册[M]. 长春: 吉林人民出版社.

王跃思, 刘广仁, 王迎红, 等. 2003. 一台气相色谱仪同时测定陆地生态系统 CO_2、CH_4 和 N_2O 排放[J]. 环境污染治理技术与设备, 4（10）：87-90.

吴金水, 林启美, 黄巧云, 等. 2006. 土壤微生物生物量测定方法及其应用[M]. 北京: 气象出版社.

肖艳霞, 赵颖, 王彦君, 等. 2019. 土壤中阳离子交换量分析方法的优化研究[J]. 中国农学通报, 35（15）：74-78.

谢建平. 2012. 图解微生物实验指南[M]. 北京: 科学出版社.

谢锦升, 杨玉盛, 解明曙, 等. 2006. 土壤轻组有机质研究进展[J]. 福建林学院学报, 26（3）：281-288.

辛玉琛. 2019. 仪器法在田间持水量测定中的应用[J]. 中国防汛抗旱, 29（9）：38-41.

熊顺贵. 2001. 基础土壤学[M]. 北京: 中国农业大学出版社.

徐建明. 2019. 土壤学[M]. 北京: 中国农业出版社.

颜慧, 蔡祖聪, 钟文辉. 2006. 磷脂脂肪酸分析方法及其在土壤微生物多样性研究中的应用[J]. 土壤学报, 43（5）：851-859.

杨海君, 肖启明, 刘安元. 2005. 土壤微生物多样性及其作用研究进展[J]. 南华大学学报, 19（4）：

21-26.

杨艳芳, 李德成, 杨金玲, 等. 2008. 激光衍射法和吸管法分析黏性富铁土颗粒粒径分布的比较[J]. 土壤学报, 45(3): 405-412.

易田芳, 向勇, 刘杰, 等. 2021. 乙酸铵静置交换测定土壤阳离子交换量的方法优化[J]. 化学试剂, 43(4): 505-509.

张丽敏, 徐明岗, 娄翼来, 等. 2014. 土壤有机碳分组方法概述[J]. 中国土壤与肥料, (4): 1-6.

张猛. 2017. 干湿交替过程中土壤容重、水分特征曲线和热特性的动态变化特征[D]. 北京: 中国农业大学.

张学礼, 胡振琪, 初士立. 2005. 土壤含水量测定方法研究进展[J]. 土壤通报, 36(1): 118-123.

章树安, 林祚定. 2007. 土壤墒情监测与分析预测应用技术[M]. 长春: 吉林大学出版社.

赵佳玉, 肖薇, 张弥, 等. 2020. 通量梯度法在温室气体及同位素通量观测研究中的应用与展望[J]. 植物生态学报, 44: 305-317.

郑循华, 王睿. 2017. 陆地生态系统-大气碳氮气体交换通量的地面观测方法[M]. 北京: 气象出版社.

中华人民共和国国家质量监督检验检疫总局, 中国国家标准化管理委员会. 2012. 土壤水分(墒情)监测仪器基本技术条件(GB/T 28418—2012)[S]. 北京: 中国标准出版社.

中华人民共和国农业部. 2010. 土壤检测 第 22 部分: 土壤田间持水量的测定-环刀法(NY/T 1121. 22—2010)[S]. 北京: 中国农业出版社.

中华人民共和国农业农村部. 2020. 土壤田间持水量的测定围框淹灌仪器法(NY/T 3678—2020)[S]. 北京: 中国农业出版社.

钟文辉. 2013. 环境科学与工程试验教程[M]. 北京: 高等教育出版社.

周德庆. 2006. 微生物学实验教程[M]. 2 版. 北京: 高等教育出版社.

周健民. 2013. 土壤学大辞典[M]. 北京: 科学出版社.

朱金霞, 张源沛, 郑国保, 等. 2014. 水稻田土壤 N_2O 和 CO_2 排放日变化规律及最佳观测时间的确定[J]. 中国农学通报, 30(3): 146-150.

邹诚, 徐福利, 闫亚丹. 2008. 黄土高原丘陵沟壑区不同土地利用模式对土壤机械组成和速效养分影响分析[J]. 生态农业科学, 24(12): 424-427.

Ball B C, Campbell D J, Hunter E A. 2000. Soil compactibility in relation to physical and organic properties at 156 sites in UK[J]. Soil and Tillage Research, 57: 83-91.

Bowman R A. 1989. A sequential extraction procedure with concentrated sulfuric-acid and dilute base for soil organic phosphorus[J]. Soil Science Society of America Journal, 53(2): 362-366.

Bray R H, Kurtz L T. 1945. Determination of total, organic, and available forms of phosphorus in soils[J]. Soil Science, 59(1): 39-46.

Brookes P. 2001. The soil microbial biomass: concept, measurement and applications in soil ecosystem research[J]. Microbes & Environments, 16(3): 131-140.

Brookes P, Landman A, Pruden G, et al. 1985. Chloroform fumigation and the release of soil nitrogen: A rapid direct extraction method to measure microbial biomass nitrogen in soil[J]. Soil Biology & Biochemistry, 17(6): 837-842.

Cai Y, Wang X, Tian L, et al. 2014. The impact of excretal returns from yak and Tibetan sheep dung on nitrous oxide emissions in an alpine steppe on the Qinghai-Tibetan Plateau[J]. Soil Biology & Biochemistry, 76: 90-99.

Carter M R. 2007. Soil Sampling and Methods of Analysis p. 7 Canadian[M]. Society of Soil Science, Ririe, ID: Lewis Publish.

Carter M R, Gregorich E G. 2006. Soil Sampling and Methods of Analysis[M]. Boca Raton: CRC Press.

Crow S E, Swanston C W, Lajtha K, et al. 2007. Density fractionation of forest soils: Methodological questions and interpretation of incubation results and turnover time in an ecosystem context[J]. Biogeochemistry, 85: 69-90.

Dong X L, Guan T Y, Li G T, et al. 2016. Long-term effects of biochar amount on the content and composition of organic matter in soil aggregates under field conditions[J]. Soils & Sediments, 16(5): 1481-1497.

Dong X L, Singh B P, Li G T, et al. 2018. Biochar application constrained native soil organic carbon accumulation from wheat residue inputs in a long-term wheat-maize cropping system[J]. Soil & Tillage Research, 252: 200-207.

Flint A L, Flint L E. 2002. Methods of Soil Analysis: Part 4, Physical Methods[M]. Madison, WI: Soil Science Society of America Inc.

Golchin A, Oades J, Skjemstad J, et al. 1994. Study of free and occluded particulate organic matter in soils by solid state ^{13}C CP/MAS NMR spectroscopy and scanning electron microscopy[J]. Soil Biology & Biochemistry, 32: 285-309.

Greenland D J, Ford G W. 1964. Separation of partially humified organic materials from soils by ultrasonic dispersion[C]. Transactions of the 8th International Congress of Soil Science, Bucharest, 3: 137-148.

Hu E, Babcock E L, Bialkowski S E, et al. 2014. Methods and techniques for measuring gas emissions from agricultural and animal feeding operations[J]. Critical Reviews in Analytical Chemistry, 44(3): 200-219.

Huang T, Gao B, Christie P, et al. 2013. Net global warming potential and greenhouse gas intensity in a double-cropping cereal rotation as affected by nitrogen and straw management[J]. Biogeosciences, 10(8): 7897-7911.

Hutchinson G L, Mosier A R. 1981. Improved soil cover method for field measurement of nitrous oxide fluxes[J]. Soil Science Society of America Journal, 45(2): 311-316.

IPCC, Qin D, Plattner G K, et al. 2013. Climate Change 2013[M]. Cambridge: Cambridge University Press.

Joergensen R G, Mueller T. 1996. The fumigation-extraction method to estimate soil microbial biomass: Calibration of the kEN value[J]. Soil Biology & Biochemistry, 28(1): 33-37.

Joergensen R G. 1996. The fumigation-extraction method to estimate soil microbial biomass: Calibration of the k_{EC} value[J]. Soil Biology & Biochemistry, 28(1): 25-31.

Kuwatsuka S, Watanabe A, Itoh K, et al. 1992. Comparision of two methods of preparation of humic and fulvic acids: IHSS method and NAGOYA method[J]. Soil Science and Plant Nutrition, 38(1): 23-30.

Ladd J N, Parsons J W, Amato M. 1977. Studies of nitrogen immobilization and mineralization in calcareous soils I: Distribution of immobilized nitrogen amongst soil fractions of different particle size and density[J]. Soil Biology & Biochemistry, 9(5): 309-318.

Lee X. 2018. Fundamentals of Boundary-Layer Meteorology[M]. Berlin: Springer International Publishing.

Nishimura S, Sawamoto T, Akiyama H, et al. 2004. Methane and nitrous oxide emissions from a paddy field with Japanese conventional water management and fertilizer application[J]. Global Biogeochemical Cycles, 18(GB2017): 1-10.

Olsen S R. 1954. Estimation of available phosphorus in soils by extraction with sodium bicarbonate[R]. Miscellaneous Paper Institute for Agricultural Research Samaru.

Pape L, Ammann C, Nyfeler-Brunner A, et al. 2009. An automated dynamic chamber system for surface exchange measurement of non-reactive and reactive trace gases of grassland ecosystems[J]. Biogeosciences, 6: 405-429.

Pavelka M, Acosta M, Kiese R, et al. 2018. Standardisation of chamber technique for CO_2, N_2O and CH_4 fluxes measurements from terrestrial ecosystems[J]. International Agrophysics, 32(4): 569-587.

Prescott L M, Harley J P, Klein D N. 1999. Microbiology[M]. 4th edn. New York: The McGraw-Hill Companies, Inc.

Rannik U, Haapanala S, Shurpali N J, et al. 2015. Intercomparison of fast response commercial gas analysers for nitrous oxide flux measurements under field conditions[J]. Biogeosciences, 12(2): 415-432.

Song X L, Gao X D, Zou Y F, et al. 2021. Vertical variation in shallow and deep soil moisture in an apple orchard in the loess hilly-gully area of north China[J]. Soil Use Manage, 37: 596-606.

Vance E, Brookes P, Jenkinson D. 1987. An extraction method for measuring soil microbial biomass C[J]. Soil Biology & Biochemistry, 19(6): 703-707.

Wang K, Zheng X, Pihlatie M, et al. 2013. Comparison between static chamber and tunable diode laser-based eddy covariance techniques for measuring nitrous oxide fluxes from a cotton field[J]. Agricultural & Forest Meteorology, 171-172: 9-19.

WMO. 2020. WMO Greenhouse Gas Bulletin (GHG Bulletin)-No. 16: The State of Greenhouse Gases in the Atmosphere Based on Global Observations through 2019[C]. https://library.wmo. int/index.php?lvl=notice_display&id=3030#.YD8mjjOyKUO.

Yao Z, Du Y Tao Y, et al. 2014. Water-saving ground cover rice production system reduces net greenhouse gas fluxes in an annual rice-based cropping system[J]. Biogeosciences, 11(22): 6221-6236.

Yao Z S, Liu C Y, Dong H B, et al. 2015. Annual nitric and nitrous oxide fluxes from Chinese subtropical plastic greenhouse and conventional vegetable cultivations[J]. Environmental Pollution, 196: 89-97.

Yao Z S, Ma L, Zhang H, et al. 2019. Characteristics of annual greenhouse gas flux and NO release from alpine meadow and forest on the eastern Tibetan Plateau[J]. Agricultural & Forest Meteorology, (272-273): 166-175.

Yao Z S, Zheng X H, Dong H B, et al. 2012. A 3-year record of N_2O and CH_4 emissions from a sandy loam paddy during rice seasons as affected by different nitrogen application rates[J]. Agriculture Ecosystems & Environment, 152(3): 1-9.

Young J L, Spycher G. 1979. Water-dispersible soil organic-mineral particles: I. Carbon and nitrogen distribution[J]. Soil Science Society of America Journal, 43(2): 324-328.

Zhao J, Ni T, Li Y, et al. 2014. Responses of bacterial communities in arable soils in a rice-wheat cropping system to different fertilizer regimes and sampling times[J]. PLoS One, 9(1): e85301.

Zheng X, Mei B, Wang Y, et al. 2008. Quantification of N_2O fluxes from soil-plant systems may be biased by the applied gas chromatograph methodology[J]. Plant and Soil, 311(1): 211-234.